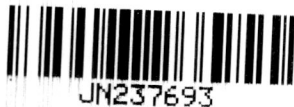

検定、回帰分析、主成分分析の
使いどころがわかる!!

中小企業診断士
村上 知也

名古屋商科大学大学院 教授
中小企業診断士
矢本 成恒【著】

ビジネスで本当に使える
超統計学

秀和システム

はじめに

統計学っていったい何に使えるの?

　統計学がブームです。ビジネスの分野で統計学が活かせるのではないか?　そういった方が多いからなのでしょう。本書を手に取られたあなたも、きっと、

「統計学がブームだし、仕事で統計学が使えるようになっておいた方がいいのでは?」

「今後仕事上で統計学的なスキルを求められるのではないか?」

　そんな雰囲気を感じ取られたからではないでしょうか。

　そんなあなたでも、「統計学っていったい何に使えるの?」という気持ちでいっぱいなのではないでしょうか。

　著者の村上が初めて統計学に触れたのは大学生時代です。生物工学を専攻していた私は、数多くの実験をこなし、そこから得られた実験データを統計処理していました。

　会社員となってからも、顧客からのアンケートデータを処理し、入手したデータが本当に意味のあるものなのかを検証し、データの因果関係の有無などを調べていました。この両者のケースとも、データ数が多く、統計学を使うのに非常に意味がありました。

　でも今、経営コンサルタントになってからは、実際の企業を支援するビジネスの現場で、統計学を活用するシーンは、正直、多くはありません。

　試行錯誤しながら、いくつかの現場で統計学を活用してみましたが、うまくいくこともあれば、統計学を使ってもあまり役に立たなかったということもありました。ただ、それには理由があります。

　そんな時に思い直したのは、

「統計学を使うこと」が目的ではなく、「ビジネスをうまくいかせること」

が目的だということです。

統計学を使うべきところは使い、そうでないところには無理に統計学の概念を持ち込まないで、別の手法で分析していけばいいのです。

また、著者の矢本は、これまで多くの社会人の方にデータ分析方法を説明してきました。そして、いつも感じていることがあります。それは、ビジネスの実例に則して理論を解説することの重要性です。

多くのテキストは、理論の解説が中心に書かれています。しかし、特に初学者は、なぜ自分にその理論が必要なのかは、学習時には想像がつきません。また、多忙な社会人は、自分に必要ない学習には時間がかけられないので、だんだん学習動機が弱まってしまいます。しかし、逆に、自分に必要だと気づいた場合には、自発的にどんどん調べて学習していきます。

著者の2人は、何よりデータ分析の必要性と興味を感じてもらいたい気持ちで本書を書きました。そのため、理論説明の正確さよりも、データ分析の事例と説明のわかりやすさを心掛けました。分析方法も、利用頻度や興味の度合いを考えて選定しています。

さて、本書は統計学という学問を究めようというものではありません。堅苦しい勉強ではないのです。少し気が楽になりましたか?

「ビジネスをうまくいかせること」つまり、あなたの仕事で活かせることを目指すのです。俄然やる気になってきませんか?

同僚に一歩先んじて、統計学的な手法を身につけ、仕事に活かせれば、一目置かれる存在になれるかもしれません。そうなれるよう、本書では統計学的な手法を紹介していきます。

本書では、「ラーメン屋」を例にして、店舗の業績を上げていくためにはどうすればいいかを考えていきます。「自分の仕事とは、あまりにもかけ離れているなぁ…」と思われるかもしれません。しかし、「ラーメン屋」には、ビジネスで統計学的な手法を身につけるための情報があるのです。あなたが通う、あのラーメン屋さんのことを思い浮かべながら読み進めると、そこからあなたのビジネスに応用できることが、きっと見つかるはずです。

統計学ですから、もちろんデータを取って、分析をしてという統計学の手法が中心にはなります。統計学はどうしてもデータが必要になります。それも、ある一定量のデータの多さは必要で、どうやってデータを入手したのかのデータの取り方も重要になります。ここにも「ビジネスをうまくいかせること」の工夫が必要となります。

また、多くのビジネスの現場では、そこまで考えて厳密にデータを取っているわけではありませんし、そもそも多くのデータを取っていない場合も多いのです。
その結果、統計学の活用範囲は限定されてしまっています。

本書では、業績を上げるためであれば、統計学以外の分析手法も取り入れて説明しています。その手法は経営コンサルタントの手法です。統計学だけではうまくいかないことも、この分析手法を取り入れることで、うまくいくようにできるのです。

だから本書のタイトルは「超・統計学」となっているわけです。

学問的である統計学を、ビジネスの現場で使えるようにしたのが「超・統計学」です。統計学を実際のどういうシーンで活用すればいいのかを認識して、実際にパソコンやExcelを使って理解を進めつつも、ビジネスの本質である業績を上げるために必要な分析手法も学べるお得な一冊になっているのです。
また、本書ではサンプルデータをダウンロードして読者のみなさんがデータ分析操作を確認していただけるようにしています。
秀和システムのホームページから、本書のサポートページへ移動して、ダウンロードしてください。

URL http://www.shuwasystem.co.jp/

なお、データ分析や操作の解説については、中小企業診断士の松島大介さんにも協力していただきました。この場を借りて御礼を申し上げます。

それでは早速、「ラーメン屋」さんに向かってみましょう。

序章

ラーメン店「夢楽」

統子は、朝起きた時に、部屋中にただよう醤油の匂いが好きだった。それもそのはずで、統子が生まれた年に、ラーメン「夢楽《むらく》」は開店した。そして統子は20年間「夢楽」の２階で暮らしている。

今は、父親の文吉とふたり暮らしだ。母親は統子がまだ小学校に通う前に他界した。それ以来、文吉は「夢楽」を切り盛りしながら、統子を育ててきた。統子は小学生の高学年の頃からお店を手伝うようになっていた。

昔は、注文を聞いたり、ラーメンを運んだりの接客だけであったが、今では忙しい時には統子もラーメン作りを手伝うほどだ。

「でも、最近なにかおかしい。何か違う」

統子はそう感じていた。

お店に昔ほどの活気はなくなり、文吉にも元気が無い。何より、統子自身お店を手伝っていても楽しくないのだ。昔はお客様に声をかけられたりと店員とお客様も笑顔が絶えない店だった。しかし最近ではお店の雰囲気は、あまり良くなく、お客様からのクレームも出ている。

ここ数年そういった思いをもどかしく思っていたが、大学に入って色々学んでいるうちにその理由がうっすらとわかってきた気がする。昔は良かったからといって、いつまでも同じままの経営では駄目なんだ。経験と勘だけでなく、もっと数字を分析して経営に役立てていかないと良いお店にはならないのではないか？

夢楽は関東郊外の駅から徒歩５分に立地している。駅前には企業も多く、平日はお昼ごはん時や、夕ごはん時、飲んだ後の締めなどのお客さまがやってくる。

休日は、日曜日はお休みで、土曜日だけ開けているが、企業も休みなため、人の入りは少ない。日中帯に家族連れなどが訪れるお店である。

昔からの常連もいるので、なんとかお店の経営は続いています。

しかし、物語の途中で競合店「味一《みいち》」が登場して、一気に夢楽の経営は苦しくなります。

この経営危機を、統子は超統計学で乗り切ることができるでしょうか？

〈登場人物〉

統子：「夢楽」の一人娘の女子大生。大学で統計学を学んでいる。常々、父親のラーメン店「夢楽」を手伝って、業績を改善したいと思っている。

文吉：「夢楽」の大将。味にこだわり続けるラーメン屋を20年続けている。頑固で娘のアドバイスには反発しがちである。

ラーメン店「夢楽《むらく》」：東京しょうゆラーメンのお店。文吉が店を構えて20年の老舗である。

競合店「味一《みいち》」：最近、勢力を拡大している、とんこつラーメンのフランチャイズ店。

夢楽の主なメニューと価格（円）

夢楽ラーメン	500
醤油ラーメン	500
餃子	220
餃子セット	680
チャーハンセット	700
唐揚げセット	750

トッピング	半熟卵	100
	チャーシュー	200
	ねぎ	50
	辛ねぎ	50
	もやし	50
	メンマ	50
	にんにく	50
	コーン	50
	わかめ	50
	のり	50

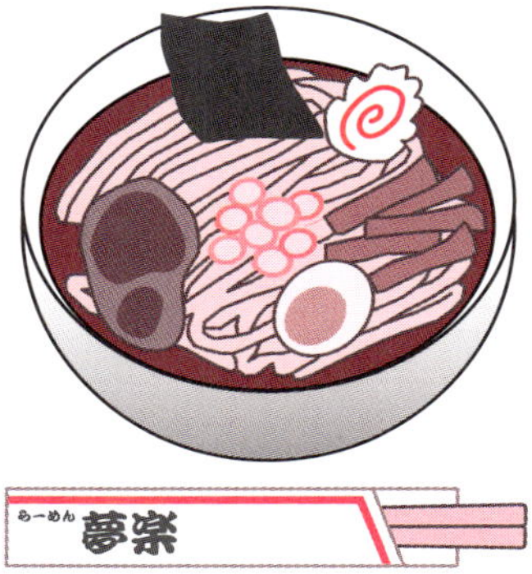

検定、回帰分析、主成分分析の
使いどころがわかる！

ビジネスで本当に使える 超統計学

— Contents —

第2章
ある日、強敵が現れた!

第3章 うちのお店を考え直す!

第5章
お客さまとの関係を考える!

第2部

第6章 ラーメン店の日常【操作編】

第7章
ある日、強敵が現れた！【操作編】

第8章
うちのお店を考え直す！【操作編】

第1部

第1章

ラーメン店の日常

本章では、納品されたラーメンの量から、平均や標準偏差を学びます。またラーメンの母集団や不偏分散の考え方も学びます。

次に、毎日何人が来店するのかを正規分布を使って当たりをつけます。そしてお客さまがいくら位お金を使ってくれるかを区間推定します。これらの統計学の視点からお店の運営を見直していきます。

また生産管理の視点で、工程分析を行い、お店の業務効率化について考えます。

1 ラーメンの量は同じ？ 平均値と標準偏差、区間推定

データを計測した場合に、平均値だけを確認していると、意思決定を誤ることがあります。

平均値が同じでも、データのバラつきの指標である標準偏差が大きければ、データの状況は大きく変わってきます。一つの値を見るだけでなく、複数の指標から判断しましょう。

いつもとラーメンの量が違う？

大学が終わり、今日も統子は夢楽のアルバイトに駆けつけます。

今日は、文吉が新しいラーメンを作るから、早めに帰って来いと言われていました。何でもダシを変えてみたそうな。

ただいま！　おとうさん

おう、早かったな。早速、新作のスープ試してくれよ！

いつもより、ちょっと濃厚な香りが立ち込めます。おいしそう！　と思った統子ですが、なにか違和感を覚えます。

ね、なにかラーメンの量少なくない？

何言っているんだ、今日は食い意地がはっているだけなんじゃないか？

そんなことないわよ！　でも何か、いつもより麺が少ない気がするのよ

文吉は、統子のラーメン鉢を覗き込みました。そう言われれば少ない気もしましたが、取り立てて騒ぐほどではなさそうです。

腹減ってるだけだろ。後で、餃子も焼いてやるから、さっさと食べて新しいスープの感想を聞かしてくれよ

急かされて、統子はラーメンを食べてみることにしました。文吉は統子の意見が気になるらしく、じっと見つめています。

どうだ、うまいだろ？

スープは悪く無いわね。でもなんか、ちょっと茹で過ぎのような

そんなわけないだろ、いつもと同じ時間茹でているんだから

そうすると、麺の量がやっぱり少なかったんじゃないかしら

そりゃあさあ、1回1回重さを量ってるわけじゃないんだから、多少はバラつくさ

量ってみようか！

そんなの毎回は無理に決まってるぞ！

夢楽では、ラーメンは２種類の麺を使っています。大手製麺所から仕入れている普通の太さの麺と、地元の製麺所から細麺を仕入れています。両社とも、麺は150gが１食分で、ケースの中で、50食分が１食単位で納品されています。そのため、お店では誰が麺を茹でても１食当たりの量や重さは変わらないはずです。

普通麺と細麺で納品される1食当たりの量が違うんじゃないの？

でもどっちも150gだって契約ではなっているぞ

じゃあ、やっぱり量ってみる。量って比較したら、量がバラついているのかわかるでしょ

文吉も渋々、納得して一緒に普通麺と細麺の茹でる前の重さを量ってみることにしました。

麺の重さの平均値を計算してみる

普通麺と細麺の50食分をサンプリングで抜き出して、量り終えた統子は結果を一覧表にしてみました（表１）。また、すべてのデータを足しあわせてデータの個数で割り算してみました。つまり平均値を計算しました（表２）。

表１　普通麺と細麺の重さ（g）の計測結果

No	普通麺（大手製麺所）	細麺（地元製麺所）	No	普通麺（大手製麺所）	細麺（地元製麺所）
1	144.2	149.3	26	151.7	150.3
2	153.3	152.8	27	148.1	152.8
3	147.7	148.6	28	149.9	148.6
4	153.0	151.0	29	152.9	150.0
5	148.1	149.8	30	147.3	148.8
6	151.8	148.1	31	150.1	147.1
7	154.2	152.1	32	152.9	152.1
8	146.0	150.4	33	147.2	150.4
9	150.4	152.3	34	148.5	152.3
10	150.8	149.2	35	152.4	149.2
11	150.8	152.5	36	150.7	151.5
12	154.9	150.5	37	149.6	148.5
13	148.1	148.3	38	149.8	148.3
14	148.9	150.3	39	145.8	147.3
15	148.0	151.1	40	152.6	151.1
16	150.9	150.6	41	149.5	149.6
17	156.5	148.7	42	152.1	148.7
18	149.9	151.0	43	149.4	150.0
19	145.1	148.6	44	148.8	149.6
20	148.2	150.8	45	154.9	149.8
21	143.4	151.0	46	147.8	149.0
22	147.2	149.2	47	149.6	149.2
23	150.8	149.4	48	149.2	149.4
24	154.3	148.5	49	148.3	149.5
25	153.7	148.2	50	149.8	149.2

Excel操作はココをチェック！

普通麺と細麺の重さの計測結果のExcelの操作は第2部P.144を参照

表2　普通麺と細麺の重さの平均値

1食分の重さ	普通麺（大手製麺所）	細麺（地元製麺所）
平均値	149.98g	149.89g

ほら、普通麺と細麺の重さ変わらないじゃないか

文吉はもう違いが気にならないようです。しかし、統子はまだ何か引っかかっています。

うーん、あの時、私が食べていたのは普通麺だったわよね

それぞれのデータ分布がわかるようにｇ単位でラーメンの重さデータの分布図を作成してみました。いわゆる**ヒストグラム**と呼ばれるグラフです（図１）。

見えたわよ！　お父さん

大手の製麺所から仕入れている普通麺は、150gを中心にして、左右のバラつきが大きくなっています。一方、地元の製麺所から仕入れている細麺は、バラつきは小さくなっています。

図１　普通麺と細麺の重さのヒストグラム

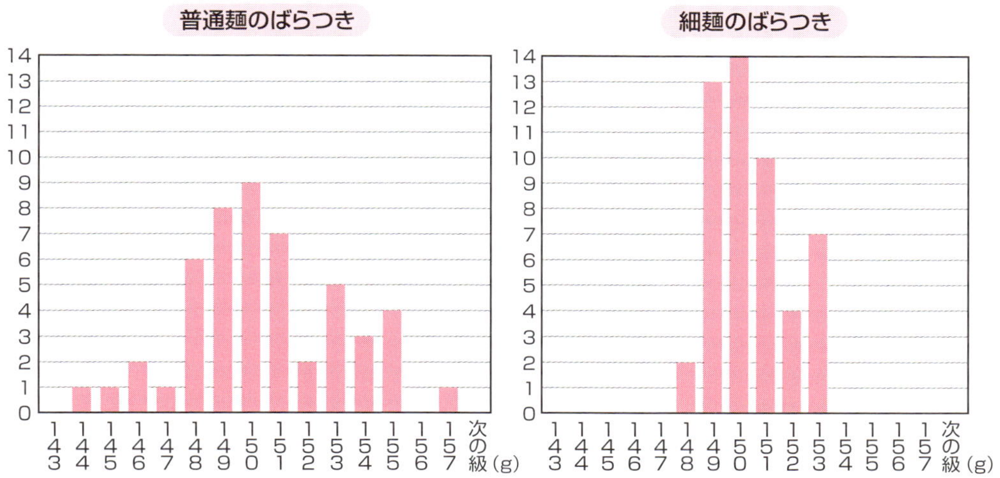

Excel操作はココをチェック！

普通麺と細麺の重さのヒストグラムのExcelの操作は第2部P.147を参照。

ほら、平均値を取れば、普通麺と細麺ほぼ同じ重さだけど、ヒストグラムを見ると、普通麺の方がバラつきは大きいじゃない。つまり私の食べたラーメンだけでなくて、お客さまによっては量が多い時もあれば、少ない時もあるってことね

麺の重さの標準偏差を求めてみる

まだ納得のいかない文吉は、

そりゃあなんとなくバラついている気もするけど、たいした問題じゃないだろう？

いーえ、これは大問題よ。お父さん、麺を茹でる時間にはすごく気を使っているじゃない

そりゃそうだ、茹で過ぎたら大変だからな。2分45秒できっちり茹でてやらないとな

でも、そもそも茹でる量にバラつきがあったら、時間をきっちりしても仕方ないでしょ？

そ、そうだな

渋々顔で頷く文吉であった。

ここはバラつきをきっちり計って、仕入先に伝えて、統一してもらわないと！

バラつきを計る方法ってあるのか？

もちろんあるわよ、それが**標準偏差**よ

標準偏差はバラつきの大きさを表します。今回の場合、普通麺の平均値の重さは149.98gでした。しかし実際の麺は、平均値より多かったり少なかったりするわけです。つまり平均値からの差が発生します（図２）。

しかし、その差は、重い（プラスの）場合も軽い（マイナスの）場合もありますので、どれくらいバラついているか確認するためには、差を二乗して合算します。これが「分散」と呼ばれるものです。ただし、分散は重さを二乗しているので、単位がg^2（グラムの二乗）となります。そこで、平方根（ルート）をとって、単位をg（グラム）に合わせるわけです。

この分散の平方根をとったものが、「標準偏差」です（表３）。標準偏差が大きいほどデータのバラつきが大きくなることがイメージできたでしょうか？　なお、標準偏差はσ（シグマ）という記号で表されます。今回の普通麺の標準偏差$\sigma = 2.83$というわけです。

図２　標準偏差

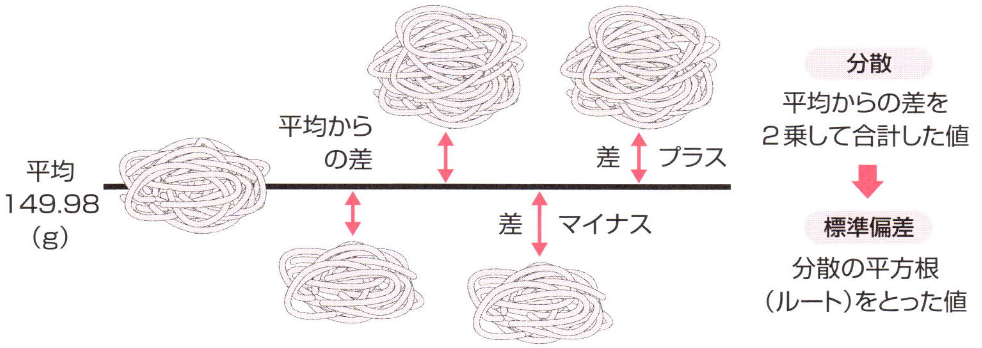

表３　普通麺と細麺の標準偏差

	普通麺（大手製麺所）	細麺（地元製麺所）
平均値（AVERAGE）	149.98	149.89
分散（VAR.P）	7.99	1.99
標準偏差（STDEV.P）	2.83	1.41

Excel操作はココをチェック！
普通麺と細麺の標準偏差のExcelの操作は第2部P.153を参照。

すべての麺の重さを量る必要があるの？

なるほど、普通麺の方が標準偏差は大きいってことはバラついているんだな

そうよ、お父さん。これは、大手の仕入先にお願いして改善してもらおうよ

うーん。でもさ、50食の麺を調べただけだろ。本当に毎回バラついているのかなあ

文吉の疑問ももっともです。夢楽では50食のラーメンを月に何十ケース発注しています。年間では何百ケースになるでしょう。50食調べただけで他のケースの麺もバラついていると言えるでしょうか。

ここで大手の製麺所から仕入れる普通麺全体のことを、「**母集団**」と呼びます。正確な重さの平均値を出すにはすべての麺の重さを量る必要がありますが、数が多すぎて現実的ではありません。そのため、今回は50食だけを取り出して調べた（サンプリングした）のです（図３）。

図３　普通麺の母集団

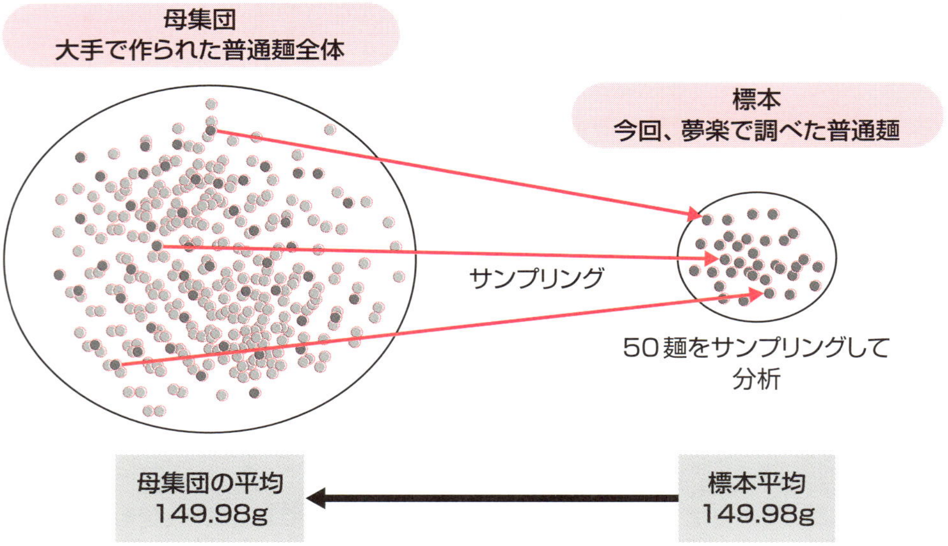

母集団から標本を取り出した標本平均は、母平均の推定値として使うことができます。

しかしもちろん、標本平均は、母平均と一致するわけではありません。あくまで推定値です。そこで母集団の分散についても考えます。この母集団の分散のことを「**不偏分散**」と言います。分散は「データの個数」（n）で割るのに対して、不偏分散は「データの個数 − 1」（n - 1）で割ったものです（表４）。

表４　標本と母集団の平均値、分散、標準偏差

		普通麺（大手製麺所）	細麺（地元製麺所）
データを母集団全体と見なす場合	平均値（AVERAGE）	149.98	149.89
	分散（VAR.P）	7.99	1.99
	標準偏差（STDEV.P）	2.83	1.41
データを母集団の標本と見なす場合	平均値（AVERAGE）	149.98	149.89
	不偏分散（VAR.S）	8.16	2.03
	標準偏差（STDEV.S）	2.86	1.42

Excel操作はココをチェック！

標本と母集団の平均値、分散、標準偏差のExcelの操作は第2部P.155を参照。

結局、どういうことなんだ？

うちでたまたま量った50個の麺の標本の平均値とバラつきがわかれば、大手で作っている普通麺の平均値とバラつきも推定できるのよ！　すごいでしょ

そうは言っても、50個の標本の平均値を、全部の母集団の平均値とするのは納得いかんなあ

大手で作っている麺全体の平均値の重さを区間推定してみる

文吉の疑問を払拭するために、統子は続けた。

実際の母集団の平均値がどのあたりの範囲に収まるかも計算できるので大丈夫よ

うちに納品された麺の重さから、大手の作っている普通麺の全体の平均値が本当にわかるのかい

母集団の平均値がどの区間に入るかをあくまで推定してくれるものよ。95%の確率でこの重さの範囲に入るってことよ

なんだかまどろっこしいなあ

文吉が言ったように、標本の平均値がそのまま母集団の平均値になると言われてもしっくりきません。しかし、サンプル数や標準偏差の値がわかっていれば、どの区間に平均値が入るのかを推定*できるのです。この平均値が入る区間のことを信頼区間といいます。

＊なお、本来は夢楽だけのデータで大手麺の平均を推定することは偏っていますが、適切にサンプリングしたという仮定で区間推定を行っています。

母集団の平均値に対する信頼区間はCONFIDENCE関数で計算できます（表５）。

表５　普通麺と細麺の信頼区間

	普通麺（大手製麺所）	細麺（地元製麺所）
平均値	149.98	149.89
信頼区間（CONFIDENCE）	0.79	0.39

Excel操作はココをチェック！

普通麺と細麺の信頼区間のExcelの操作は第2部P.157を参照。

うちに納品された1ケース50個の普通麺の平均値の重さは、149.98gだけど、母集団つまり大手が作っている普通麺の平均値は149.98±0.79の区間に95%の信頼度（確率）で入るのよ。149.19～150.77が母集団の平均値の範囲よ（図4）

95%？　なんだか中途半端だな

統計学ではほぼ確かだという時に95%を使うのよ。100個の麺があったとして95個はこの区間に入るということよ。かなりの確率でしょ？

まあ、そりゃそうだが

でも、これで結論は出たわね！　大手の普通麺は、地元製麺所の細麺より重さのバラつきが大きいし、平均値の区間も幅が広いわ。これは改善して品質を一定にしてもらわないと！

わかった、わかったよ。明日にでも大手の製麺所に連絡してみるよ

図４　麺の信頼区間

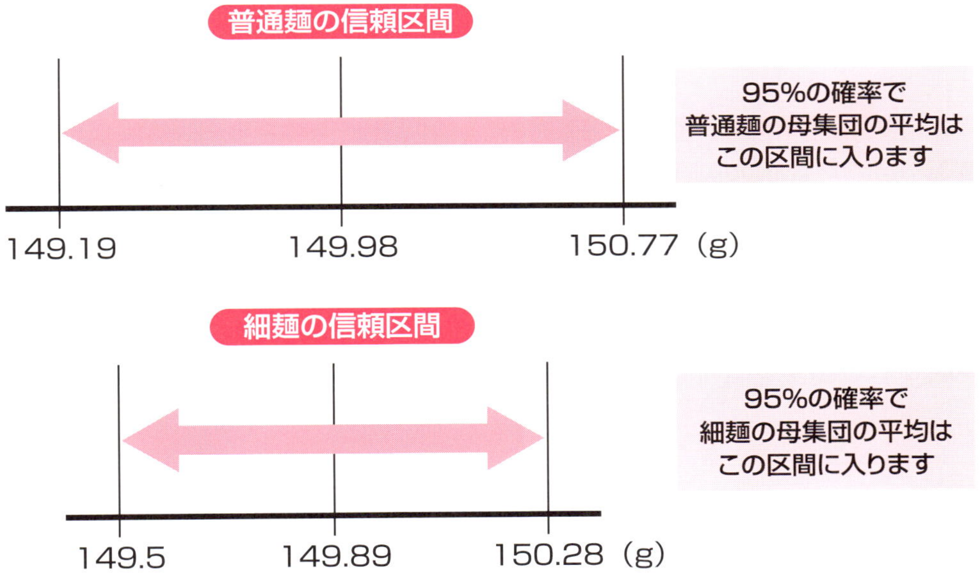

仕入れの麺の重さにバラつきが少なくなれば、文吉は茹でる時間を一定にするように気をつかっていますから、最適な茹で状態でお客さまに商品提供ができそうですね。

2 1日にお客さまは何人来るのだろう
平均値と標準偏差、正規分布

正規分布における、平均値と標準偏差の位置づけについて確認しましょう。
標準正規分布表を使うことで計算することなく、確率が把握できます。

今日も材料がたくさん残ってしまった

閉店の片付けをしながら、統子は愕然となりました。お店の冷蔵庫には材料がいっぱい余っています。今日はどうやらお客さまが少なかったようです。残った材料で賞味期限が来たものは廃棄しないといけません。今日も結構、廃棄によるロスが大きそうです。

ねえ、お父さん。今日は、何人お客さま来たんだろうね

そんなもん、レジ締めたらわかるだろ

文吉も今日は天気が悪く、お客さまが少なかったことを感じているので機嫌が悪そうです。レジを締めて、今日の売上や客数を確認します。

今日は、50人切っちゃったわよ。48人よ。土曜ならともかく、どうするのよ

どうするのって、天気も悪かったから仕方ねえだろ。きっと明日は晴れるだろ

もう、楽天的なんだから……うちの店って毎日どれくらいお客さまが来ているのかしら？

さあな、100人くらいじゃねえか？

調べてみようか！

統子は目を爛々とさせてレジのレポートを確認します。文吉はなんだかめんどくさそうです。夢楽のレジは、日々のレポートで売上やお客さま数はわかります。しかし月次の合計などはわかりません。レジから出力された日々のレポートをノートに貼り付けていますので、統子は１ヶ月分のデータを一覧表にして、平均値や標準偏差を計算してみました（表１）。

表１　夢楽の1ヶ月の来店客数

日付	曜日	来店客数（人）
1日	月曜日	105
2日	火曜日	79
3日	水曜日	113
4日	木曜日	84
5日	金曜日	115
6日	土曜日	61
7日	日曜日	
8日	月曜日	85
9日	火曜日	79
10日	水曜日	131
11日	木曜日	93
12日	金曜日	121
13日	土曜日	66
14日	日曜日	

日付	曜日	来店客数（人）
15日	月曜日	82
16日	火曜日	91
17日	水曜日	110
18日	木曜日	94
19日	金曜日	141
20日	土曜日	111
21日	日曜日	
22日	月曜日	92
23日	火曜日	48
24日	水曜日	82
25日	木曜日	78
26日	金曜日	102
27日	土曜日	52
28日	日曜日	
29日	月曜日	95
30日	火曜日	102
合計	SUM	2,412
平均値	AVERAGE	92.77
標準偏差	STDEV.P	22.19

統子も１日に100人くらいは来店があるかと思っていましたが、平均値を取ると、90人あまりでした。１ヶ月の来店客数データを先ほどと同じように標準偏差を取り、ヒストグラムにもしてみました（図１）。

父さん、一日の平均値は100人を切っているわよ。約93人。それで、標準偏差が約22で……

ああ、もうわかったよ、うるさいなあ。お客が減っているのはわかったが、標準なんとかがわかったところでどうしたらいいんだよ

図1　1ヶ月の夢楽への来店客数のヒストグラム

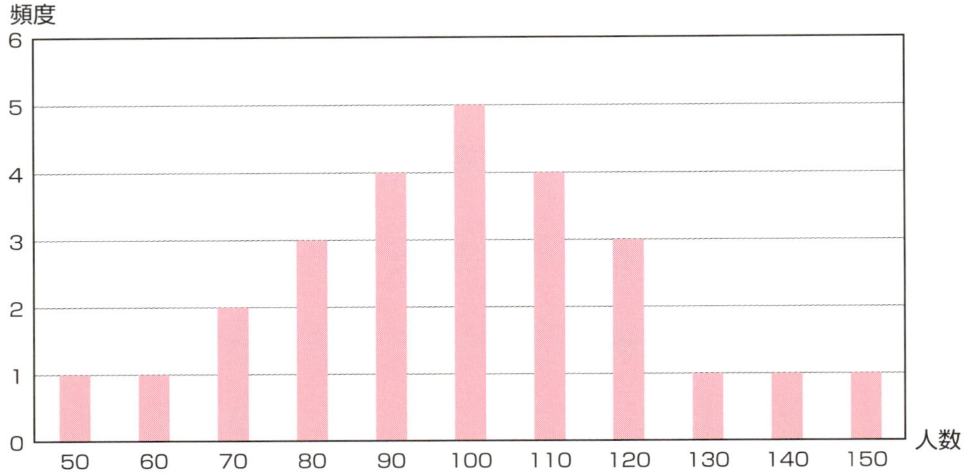

1日100人を超えるお客さんが来る確率ってどれくらいあるの？

ヒストグラムにしてみるとわかるけどこれは正規分布になっているわね

正規分布とは、中心部が盛り上がった釣鐘型の形状をしたものを言います。正規分布の場合は中心の値が平均値になります。また、平均値と標準偏差（σ）の間には図２のような関係があります。

図２　正規分布の考え方

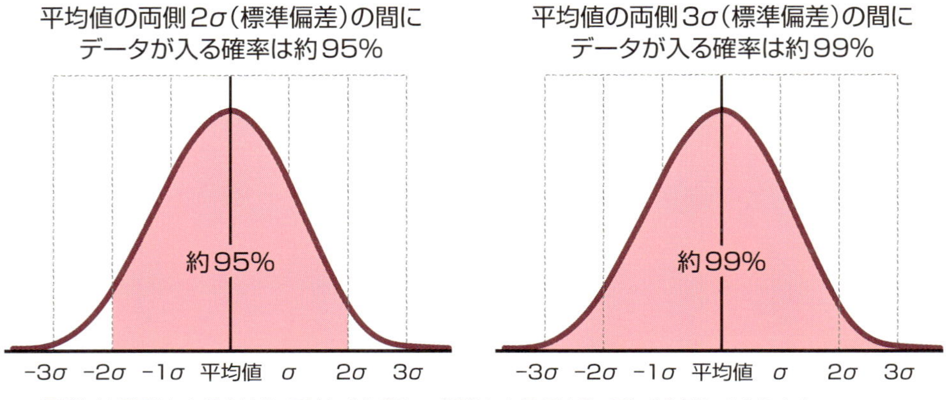

※正確には95%になるのは2σではなく1.96σ、99%になるのは3σでなく2.58σとなります。

つまり、夢楽の来店数は平均値が約93人だけど、標準偏差は約22よ。つまり約95%の確率で、93±2×22 ＝ 49人～137人のお客さまが来店するってことよ（図3）。平均値と標準偏差がわかると、お客さまの来る数がなんとなくわかるでしょ？

図３　夢楽の正規分布表

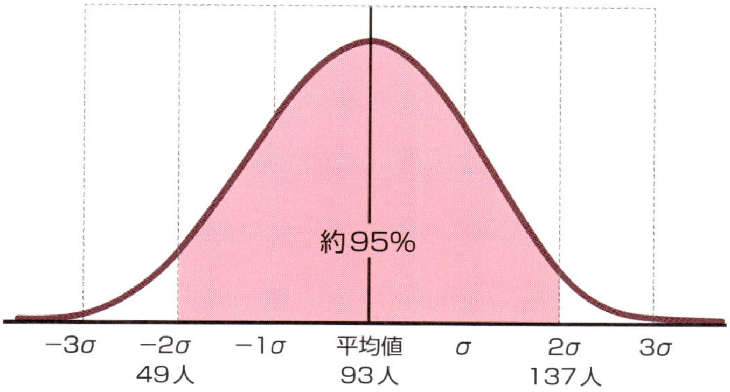

ぬぬ、そんなにバラつきがあるのか

そうよ、だから油断していると今回みたいに仕入れの材料がたくさん余ってしまい、廃棄ロスが出てしまうのよ。もちろん、平均の来店客数を増やしたいけど、それと共に、お客さまの来店数のバラつきを無くすのも**平準化**と言って大事なことなのよ

そうかあ、いつも、仕入れの量は一定にしていたけど、これからは、考えて仕入れ量を増減しないといけないなあ。ところで、100人より多くお客さんが来る確率は何％になるんだ？　いつも、100人くらいを見越して仕入れをしているんだが

それは**標準正規分布表**を使うとすぐわかるわよ

標準正規分布表と言うのは、平均値が０で標準偏差が１である正規分布表です。平均値と標準偏差がわかっていれば、今回のように100人より多いお客さまが来た確率をこの標準正規分布表で確認することができます（表２）。最初に、100人という数字を標準化します。

100人の標準化 ＝ （100 － 平均値） ÷ 標準偏差 ＝ (100 － 93) ÷ 22 ≒ 0.32となります。

なお、計算の簡略化のため、小数点以下は四捨五入して、夢楽の来客は平均値93人で、標準偏差は22としています。

これは標準正規分布表の０～0.32の間に含まれるデータの割合になります。

表２　標準正規分布表

	0.00	0.01	0.02	0.03	0.04	0.05	0.06	0.07	0.08	0.09
0.0	0.5000	0.5040	0.5080	0.5120	0.5160	0.5199	0.5239	0.5279	0.5319	0.5359
0.1	0.5398	0.5438	0.5478	0.5517	0.5557	0.5596	0.5636	0.5675	0.5714	0.5753
0.2	0.5793	0.5832	0.5871	0.5910	0.5948	0.5987	0.6026	0.6064	0.6103	0.6141
0.3	0.6179	0.6217	0.6255	0.6293	0.6331	0.6368	0.6406	0.6443	0.6480	0.6517
0.4	0.6554	0.6591	0.6628	0.6664	0.6700	0.6736	0.6772	0.6808	0.6844	0.6879
0.5	0.6915	0.6950	0.6985	0.7019	0.7054	0.7088	0.7123	0.7157	0.7190	0.7224
0.6	0.7257	0.7291	0.7324	0.7357	0.7389	0.7422	0.7454	0.7486	0.7517	0.7549
0.7	0.7580	0.7611	0.7642	0.7673	0.7704	0.7734	0.7764	0.7794	0.7823	0.7852
0.8	0.7881	0.7910	0.7939	0.7967	0.7995	0.8023	0.8051	0.8078	0.8106	0.8133
0.9	0.8159	0.8186	0.8212	0.8238	0.8264	0.8289	0.8315	0.8340	0.8365	0.8389
1.0	0.8413	0.8438	0.8461	0.8485	0.8508	0.8531	0.8554	0.8577	0.8599	0.8621
1.1	0.8643	0.8665	0.8686	0.8708	0.8729	0.8749	0.8770	0.8790	0.8810	0.8830
1.2	0.8849	0.8869	0.8888	0.8907	0.8925	0.8944	0.8962	0.8980	0.8997	0.9015
1.3	0.9032	0.9049	0.9066	0.9082	0.9099	0.9115	0.9131	0.9147	0.9162	0.9177
1.4	0.9192	0.9207	0.9222	0.9236	0.9251	0.9265	0.9279	0.9292	0.9306	0.9319
1.5	0.9332	0.9345	0.9357	0.9370	0.9382	0.9394	0.9406	0.9418	0.9429	0.9441
1.6	0.9452	0.9463	0.9474	0.9484	0.9495	0.9505	0.9515	0.9525	0.9535	0.9545
1.7	0.9554	0.9564	0.9573	0.9582	0.9591	0.9599	0.9608	0.9616	0.9625	0.9633
1.8	0.9641	0.9649	0.9656	0.9664	0.9671	0.9678	0.9686	0.9693	0.9699	0.9706
1.9	0.9713	0.9719	0.9726	0.9732	0.9738	0.9744	0.9750	0.9756	0.9761	0.9767
2.0	0.9772	0.9778	0.9783	0.9788	0.9793	0.9798	0.9803	0.9808	0.9812	0.9817
2.1	0.9821	0.9826	0.9830	0.9834	0.9838	0.9842	0.9846	0.9850	0.9854	0.9857
2.2	0.9861	0.9864	0.9868	0.9871	0.9875	0.9878	0.9881	0.9884	0.9887	0.9890
2.3	0.9893	0.9896	0.9898	0.9901	0.9904	0.9906	0.9909	0.9911	0.9913	0.9916
2.4	0.9918	0.9920	0.9922	0.9925	0.9927	0.9929	0.9931	0.9932	0.9934	0.9936
2.5	0.9938	0.9940	0.9941	0.9943	0.9945	0.9946	0.9948	0.9949	0.9951	0.9952
2.6	0.9953	0.9955	0.9956	0.9957	0.9959	0.9960	0.9961	0.9962	0.9963	0.9964
2.7	0.9965	0.9966	0.9967	0.9968	0.9969	0.9970	0.9971	0.9972	0.9973	0.9974
2.8	0.9974	0.9975	0.9976	0.9977	0.9977	0.9978	0.9979	0.9979	0.9980	0.9981
2.9	0.9981	0.9982	0.9982	0.9983	0.9984	0.9984	0.9985	0.9985	0.9986	0.9986
3.0	0.9987	0.9987	0.9987	0.9988	0.9988	0.9989	0.9989	0.9989	0.9990	0.0034

0.32という数字が100人というデータの標準化数値でした。そのため0.32という数字のところを確認します。縦軸で0.3、横軸で0.02のところの表の値を確認するのです（表３）。

表３　標準正規分布表の見方　標準化された値が0.32の場合

	0.00	0.01	0.02	0.03	0.04	0.05	0.06	0.07	0.08	0.09
0.0	0.5000	0.5040	0.5080	0.5120	0.5160	0.5199	0.5239	0.5279	0.5319	0.5359
0.1	0.5398	0.5438	0.5478	0.5517	0.5557	0.5596	0.5636	0.5675	0.5714	0.5753
0.2	0.5793	0.5832	0.5871	0.5910	0.5948	0.5987	0.6026	0.6064	0.6103	0.6141
0.3	0.6179	0.6217	0.6255	0.6293	0.6331	0.6368	0.6406	0.6443	0.6480	0.6517
0.4	0.6554	0.6591	0.6628	0.6664	0.6700	0.6736	0.6772	0.6808	0.6844	0.6879
0.5	0.6915	0.6950	0.6985	0.7019	0.7054	0.7088	0.7123	0.7157	0.7190	0.7224
0.6	0.7257	0.7291	0.7324	0.7357	0.7389	0.7422	0.7454	0.7486	0.7517	0.7549
0.7	0.7580	0.7611	0.7642	0.7673	0.7704	0.7734	0.7764	0.7794	0.7823	0.7852

標準正規分布表から、0.6255の値を確認したので、来店者数100人以下になる確率は62.55%ということです（図４）。

図４　夢楽の正規分布表～100人以下の可能性は62.55%

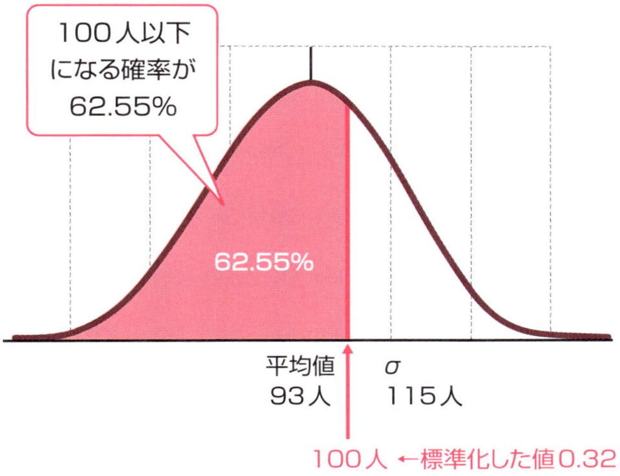

100人以下しか来ない確率は62.55%よ。だから100人より多くなる確率は37.45%ね

そんなに少ないのか。週のうち半分くらいは100人来ていると思って仕入れてたのに

少ないのは残念だけど、やっぱり現実の数字を見据えるのが大事よね

適正な仕入れの量ってどれくらいだろうか？

それで結局、これからの仕入れはどれくらいの量にしたらいいんだ

そうね、まずは、平均値が約93人なので、一日100人分を仕入れていたんでは多すぎるわよね

ラーメンの材料は数日の日持ちをするものが多いですが、そうは言っても毎日これだけ余ると廃棄ロスが出ますね。しかし、平均値に合わせて、93食にしてしまうと、品切れを起こしてしまう恐れもありそうです。

もう少し確率を見てみましょう。平均値と標準偏差がわかれば、何%の確率で何人のお客さまが来店するかがわかります。ExcelのNORMINV関数を使うと、74人以下になる累積確率が約20%、98人から111人になる確率が約60%～80%になるわけです（図５）。

図５　累積確率で何人が来店するのかを当たりをつける

下側累積確率p	NORMINV（P,92.77,22.19）
20%	74.09442483
40%	87.14822778
60%	98.39177222
80%	111.4455752

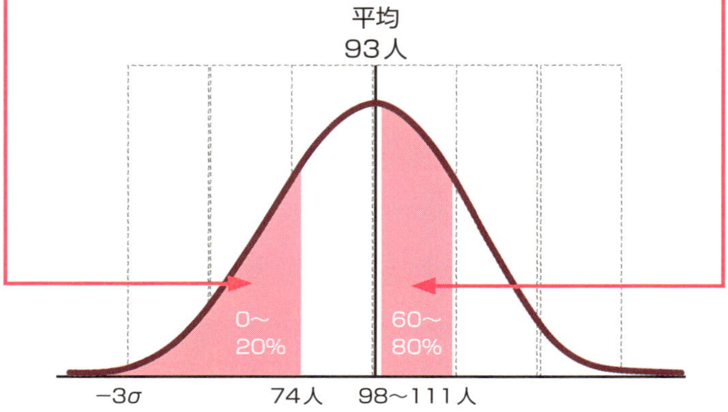

Excel操作はココをチェック！

累積確率のExcelの操作は第2部P.161を参照。

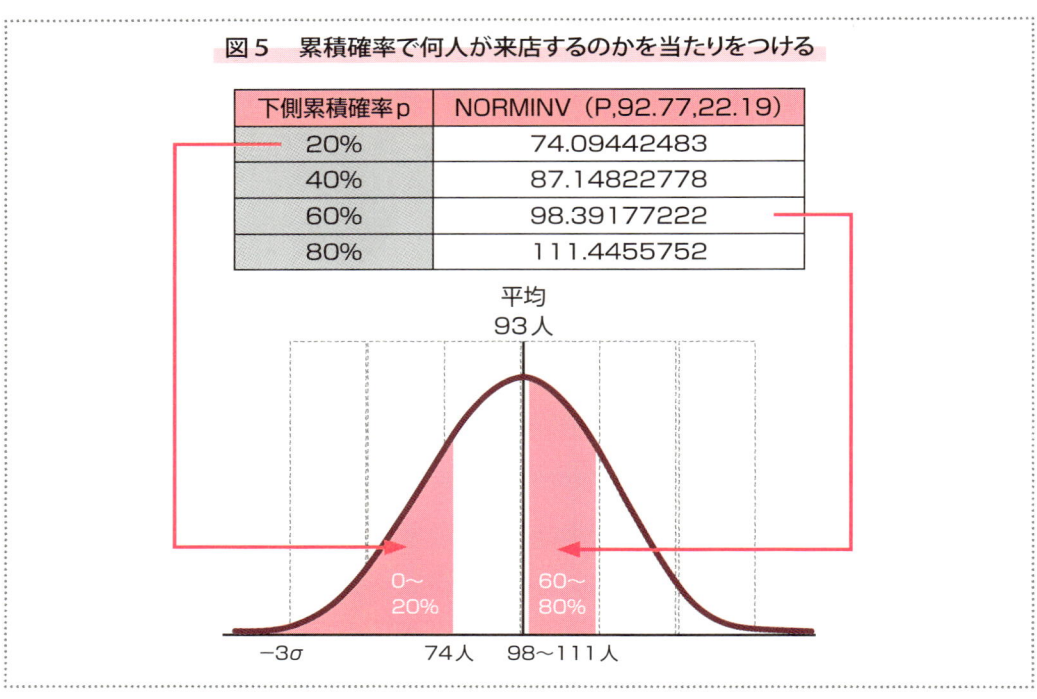

ただし、仕入れ量の決定は、季節や、天候、曜日変動、近隣のイベントの状況、広告やプロモーションの状況など、いろんな要素を鑑みながら決定していく必要があります。

そこで、今回の夢楽では、曜日ごとにお客さまの変動が大きいため、その動向を確認して、前日に発注する仕入れ量を決定していくことにしました。夢楽のお客さまたちが働いている会社は、水曜日にノー残業デイが多いため、来店者が増えることが多かったり、金曜日は飲み会後の遅い時間に繁盛したりしています。一方で会社が休日の土曜日はがくんと客数が低下します（表４）。

表４　夢楽の曜日ごとの来店客数

	人数	日数	曜日平均値	曜日標準偏差
月曜日	459	5	91.8	9.0
火曜日	399	5	79.8	20.2
水曜日	436	4	109.0	20.2
木曜日	349	4	87.3	7.6
金曜日	479	4	119.8	16.2
土曜日	290	4	72.5	26.3
合計	2412	26	92.8	22.6

まずは、前日に翌日の曜日平均値の量だけ発注しましょうよ

そうか、そうしてみるよ。他に気をつけることはあるかい？

今回はデータ数がひと月分だけだから、今後は月ごとの変動も確認しないといけないわね。さらに曜日ごとの標準偏差では土曜日の数値が大きくてバラついてるじゃない。だから土曜日はお客さまの数の変動が大きいって意識しておくだけでも効果はあるかもよ

確かに、土曜日は、駅前でイベントが開催される週はお客さんが増えたりするもんな。ふう、色々とチェックしないといけないから大変だな

一人いくら使ってくれているのだろうか？

大体、1日にどれくらいお客さんが来るのかはわかったけど、お金を毎回、いくらくらい使ってくれているんだろ

客単価ね。それは、もう、来店人数と一緒に計算しといたわよ（表5）

お、気がきくねえ。それでいくらなんだ？

ざっと、月商が164万円で、月間のお客さまが2.4千人だから、一人当たり約680円ね

そんなもんだよなあ

もちろん今月のデータだけしか考えていないから、夢楽全体の月商つまり母集団全体の平均値は正確にはわからないわよ。でも一緒に信頼区間を計算すると6,117円だったわ。つまり、今月だけでない夢楽全体の月商の平均値は95%の確率で、1,639,050±6,117円に入るということね。ざっくり、163.4万円〜164.5万円の間ね

680円は、ちょうど餃子セットの値段だな。もうちょっと客単価も上がるといいんだけどな

その作戦は、また考えてみましょうよ（☞第4章を参照してください）

表5　夢楽の客単価

日付	曜日	来店客数(人)	売上（円）
1日	月曜日	105	72,500
2日	火曜日	79	52,610
3日	水曜日	113	77,850
4日	木曜日	84	56,220
5日	金曜日	115	79,310
6日	土曜日	61	39,440
7日	日曜日		
8日	月曜日	85	57,800
9日	火曜日	79	52,720
10日	水曜日	131	90,080
11日	木曜日	93	64,240
12日	金曜日	121	83,280
13日	土曜日	66	43,110
14日	日曜日		
15日	月曜日	82	56,750
16日	火曜日	91	62,890
17日	水曜日	110	73,380
18日	木曜日	94	63,920
19日	金曜日	141	100,880
20日	土曜日	111	69,520
21日	日曜日		
22日	月曜日	92	63,450
23日	火曜日	48	32,740
24日	水曜日	82	55,640
25日	木曜日	78	52,040
26日	金曜日	102	70,360
27日	土曜日	52	34,360
28日	日曜日		
29日	月曜日	95	65,600
30日	火曜日	102	68,360
合計(月商)		2412	1,639,050
平均値（日商）		92.77	63,040.38
標準偏差(STDEV.P)		22.19	15,914.86
月商の信頼区間			6,117
一人あたりの客単価			680

3 なぜラーメンが出るのに時間がかかるのだろう

作業改善、パレートの法則、ECRS

改善作業は、場当たり的に実施しても効果は出にくいものです。作業工程をひとつずつチェックしたり、パレートの法則を意識したりして、重要な項目を見つけ出して対策を実施しましょう。

お客さんからクレーム～出てくるのが遅い！

今日は、金曜日です。１週間で、一番夢楽のお客さんが多い日です。統子も早めに大学から帰ってきてお店を手伝っています。今日は特に繁盛していて、うれしい限りなのですが、お店は忙しくてバタバタしています。

ちょっと、俺の方が先に頼んだのに、何であとから頼んだ人のが先に出てくるんだよ

ごめんなさい、すぐ確認してきますから

大体、待たせすぎなんだよ。ラーメンしか作ってないのに！

お店が終わって、統子は、ため息をつきながら文吉に相談します。

忙しいのはいいけど、お客さんを怒らせちゃうと、もう来てくれないかなあ

そんなに心配することもないだろ。来たい奴はまた来るさ

でもねえ、やっぱり今日は待たせすぎじゃないかしら？　データを取ってみた方がいいかしら……

そこで統子は考え込んでしまいました。データを取るにしても何のデータを取ればいいんだろう。ラーメンを作るのは父さんだけど、注文を取ったり、後片付けをしたりするのは、統子自身やアルバイトさんになります。自分の自身のデータを取るにはどうしたいいだろう。

そうだ、スマホで録画してみよう

統子は忙しくなりそうな水曜日の夜に自分のスマートフォンを録画モードにして、セットしてみました。お客さまの顔が映らず、統子自身や文吉がよく映る角度でうまく録画できそうです。そこで、繁忙時間帯の３時間のデータを録画してみました。

調理や配膳に無駄がないか確認してみる

３時間のデータを見て、分析するには多くの時間がかかりました。まず統子は工程分析をしてみました（図１）。工程分析とは、工場内で材料・部品・半製品・完成品などの流れをとらえ、加工法と工程経路、職場組織などを総合的に分析することで、通常製造業で実施する経営改善手法ですが、近年ではサービス業でも活用されています。統子はまず、夢楽のお店の中の動きを工程に分解してみました。

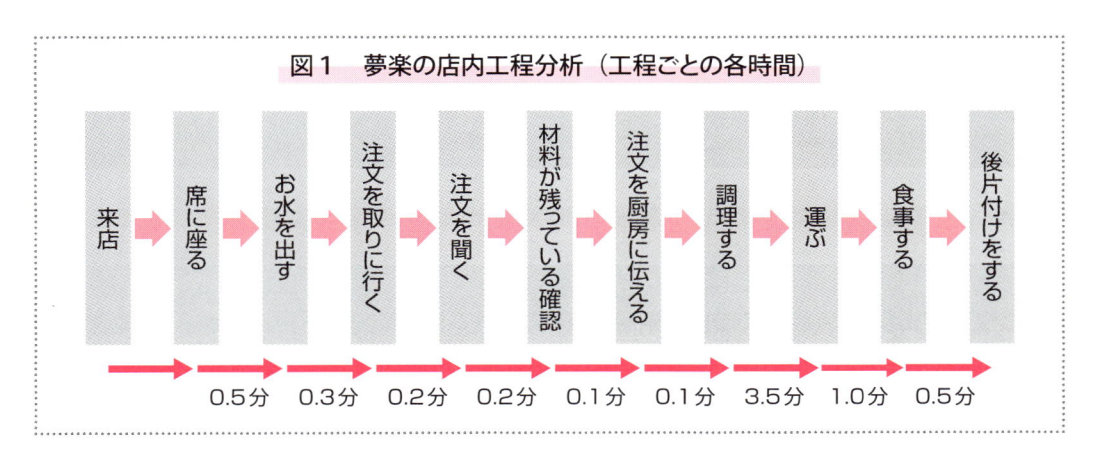

図１　夢楽の店内工程分析（工程ごとの各時間）

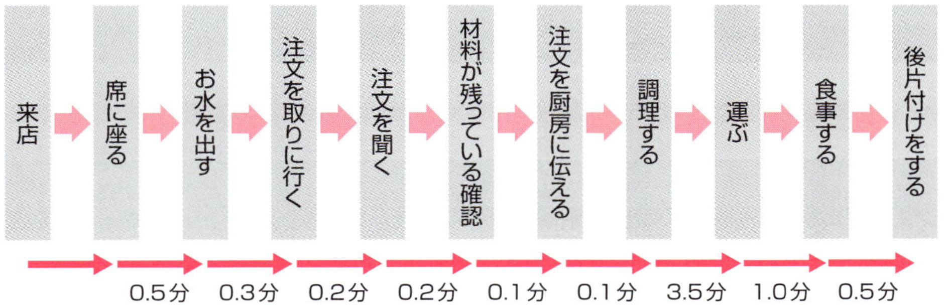

そして、各作業にかかっていた時間を計測して集計してみました（表１）。

表1　夢楽の各作業にかかった時間

	時間（分）	累積比率
後片付けする	25	23.4%
注文を聞く	22	43.9%
運ぶ	19	61.7%
お水を出す	14	74.8%
注文を取りに行く	10	84.1%
席に座る	8	91.6%
注文を厨房に伝える	5	96.3%
材料が残っているか確認	4	100.0%

作業に無駄がないかどうかを確認するには、パレート図ってのを作るとわかりやすいのよ。後片付けとか注文を聞くのに時間がかかっているようね（図2）

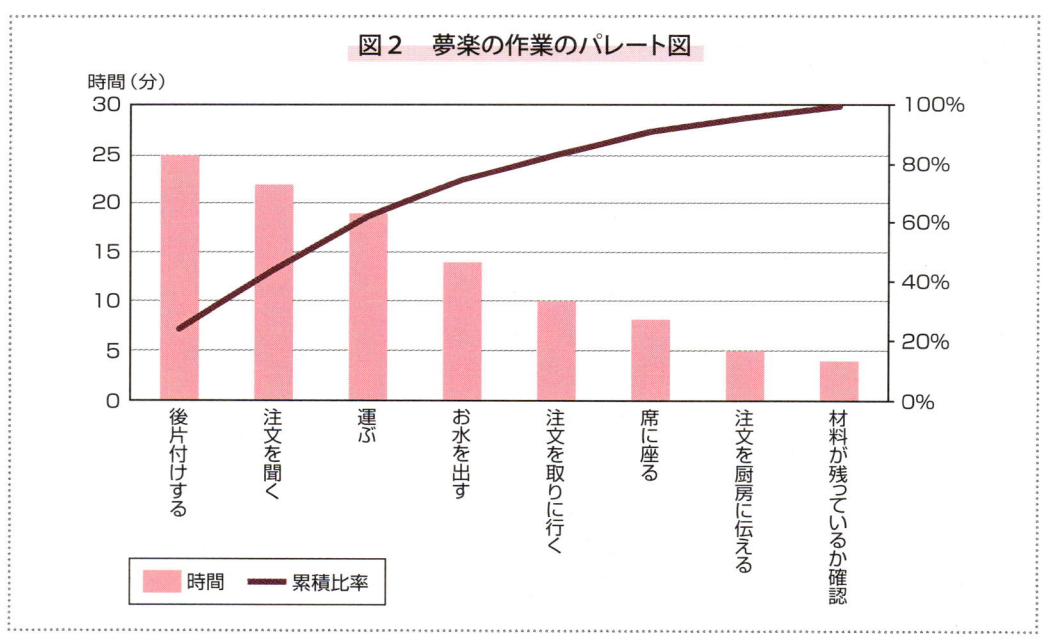

図2　夢楽の作業のパレート図

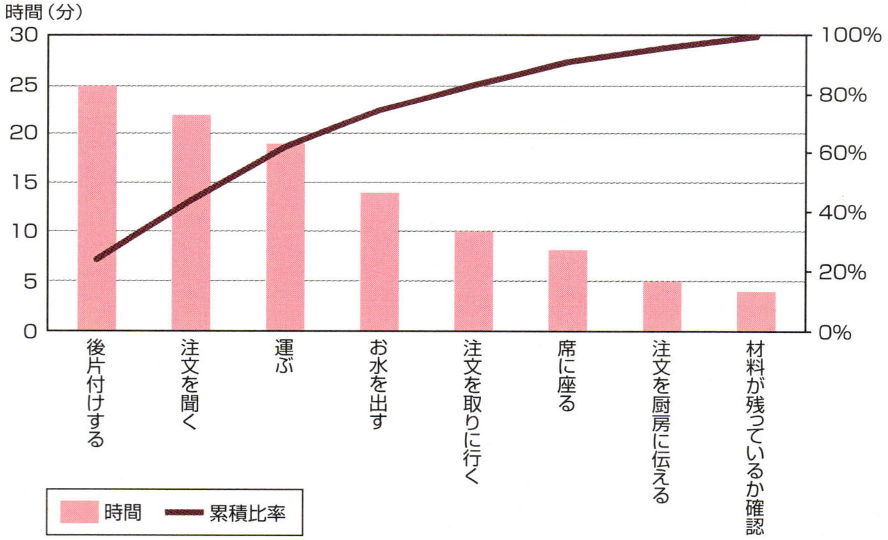

Excel操作はココをチェック！

パレート図のグラフの作り方のExcelの操作は第2部P.163を参照。

まあでも、4人席なんかだと一度で片付けられないし、手間もかかるだろ。注文も、お客さんが悩んじゃったりするからなあ。どうしようもないんじゃないか

そんなことないわよ。やっぱりお客さんを待たせないためには、効率化が必要よ！

作業改善に取り組む

そこで、統子は作業改善に取り組むことにしました。パレート図とは、データ項目の数値が大きいものから順に並べた棒グラフと、累計百分率の折れ線グラフから構成されるグラフのことです。時間がかかっている作業が一目瞭然ですね。問題となる作業がわかれば、実際に効率化していくことが必要です。製造業で効率化を実現する手法にECRSというのがあります。ECRSとは、生産等のプロセスの改善を行う際の考え方で、以下の４つのステップで行う手法です。

（１）そのプロセスを無くせないか（Eliminate）
（２）そのプロセスを他のプロセスと統合できないか（Combine）
（３）プロセスの順序の変更はできないか（Rearrange）
（４）そのプロセスをもっとシンプルにできないか（Simplify）

おいおい、うちはラーメン屋だぞ。そんな製造業みたいなことやってられるかよ

そんなことないわよ。最近はサービス業でもECRSで効率化することが多いのよ

統子は、ECRSと紙に書きだして、夢楽の効率化対策を考え始めました（表２）。

表２　ECRSを用いた改善対策の例

			対策
E	Eliminate	排除	注文取るのを排除するために、注文は紙に書いてもらう
C	Combine	統合	配膳などの作業に行ったら、必ず空いた皿を持って帰る
R	Rearrange	順序の変更	在庫確認しなくていいように、予め父さんから報告
S	Simplify	単純化	注文を簡単にするためにセットメニューを増やす

できたわよ！　やっぱり、注文を取ったり、後片付けを効率化すれば、うちのお店もだいぶ効率化できると思うのよ（図3）。さっき、パレート図を使ったでしょ。パレート図にはパレートの法則というのがあって、全体の2割の問題を改善すれば、問題の8割は片付くのよ（☞コラム「パレートの法則」を参照してください）

図３　パレート図を使って、改善内容に優先度をつける

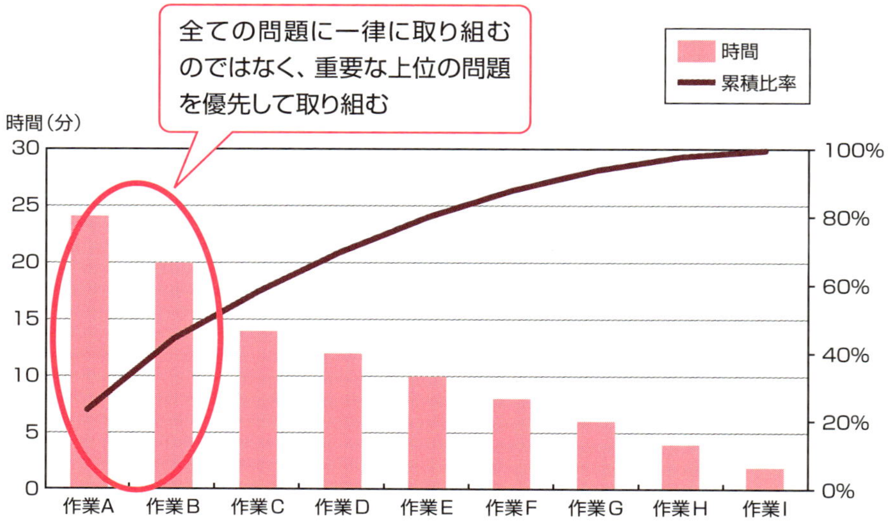

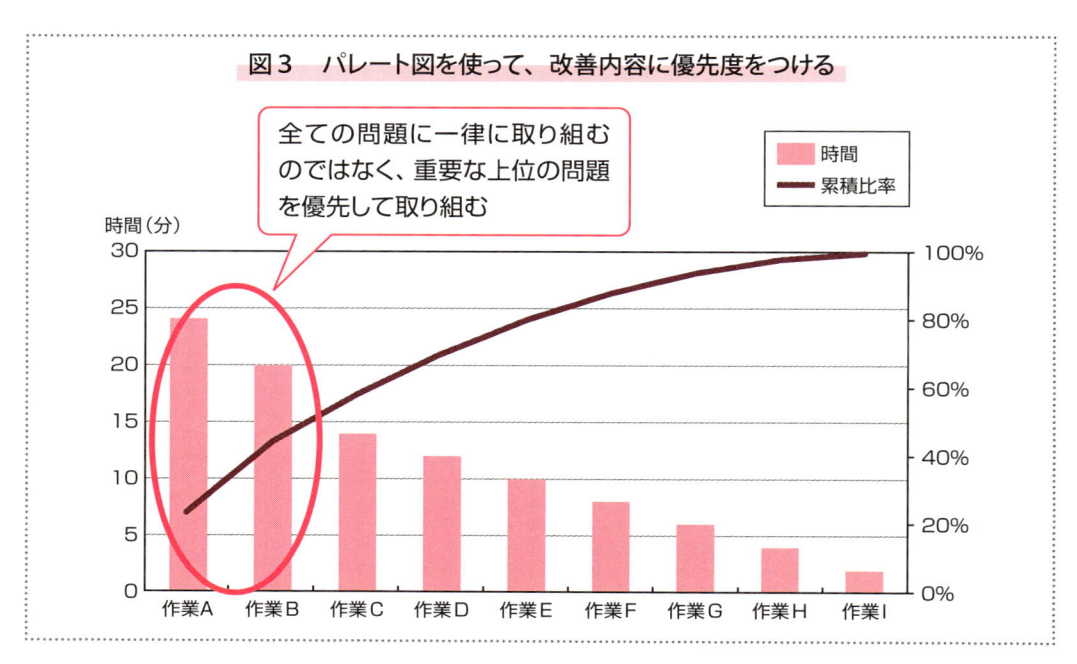

具体的にはどうするんだい？

作業の中でEつまり排除できるものがないか考えるのよ。注文を取る作業に時間がかかっているんだったら、注文を取るのをやめればいいのよ

おいおい、注文を取るのをやめたら、お客さんが困るだろ

だから、注文をお客さまに書いてもらうようにするの（図4）。うちはトッピングとかで迷うお客さんも多いじゃない。そこは自分で迷ってもらって、決まったらその紙を出してもらえばいいのよ！

なるほど。Cの統合はどうするんだい？

後片付けに時間がかかっているのは、お客さんが食事を全部終えて勘定後に全部食器を下げるから時間がかかるのよ。だから、他のテーブルに食事を運んだりしたら、必ず、他のテーブルもチェックして、空いているお皿とかを下げてくるようにすればいいのよ

手ぶらで帰ってくるな！　ってことだな。統子にそこは頑張ってもらわないとな

お客さんをお待たせしないように、頑張るね

図4　注文票

注文票

麺の太さ	太い	細い

トッピング		半熟卵	¥100
		チャーシュー	¥200
		ねぎ	¥50
		辛ねぎ	¥50
		もやし	¥50
		メンマ	¥50
		にんにく	¥50
		コーン	¥50
		わかめ	¥50
		のり	¥50

なんとか、お店の効率化が進んでいきそうですが、統子さんの果たす役割が益々増えてきそうですね。でも効率化は、地道な作業の積み重ねが重要です。お店の作業が効率化されていけば、お客さまを待たせることもなくなっていくはずです。

コラム

パレートの法則

「80:20の法則」とも言われます。

例えば、「企業の売上の80%は20%の営業マンが稼いでいる」「企業の売上の80%は20%の商品が稼いでいる」などです。

つまり、「世の中の出来事の80%は、20%の要素が握っている」というものです。

「パレートの法則」自体は、厳密に80%:20%と割合を設定しているわけではありません。90:10や70:30の場合もあり、何事にもバラつきがあることを述べています。

第1部

第2章

ある日、強敵が現れた!

本章では、ラーメン店の競合が登場し、その対策を考えるために、アンケートの取り方や、平均点の比較の仕方について学びます。具体的には、z検定やt検定といった検定の手法が登場します。

次に、現状分析や、マーケティングの戦略について学んでいきます。3C分析や、STP分析などが登場します。

1 自店舗のアンケート結果を分析してみよう
z検定

データに本当に差があるのか、誤差の範囲なのかを確かめるために検定を行います。検定にはたくさんの種類がありますが、ｚ検定は、正規分布を用いて、平均に差があるのかを検定します。データ数が多い場合（約30以上）に利用できます。

夢楽にピンチが訪れる

麺の重さを統一したり、仕入れ材料が残らないように曜日ごとの来客数を分析したり、ラーメンを出すまでの時間を早くしたりと、お店内部の見直しは進めつつある夢楽ですが、肝心のお客様を増やして売上を上げる施策は打てないままです。統子は不安を感じつつ日々、夢楽を手伝っていますが、ある日とんでもないことが起きました。

いつものように大学から帰途につき、最寄り駅で降りて夢楽に向かう途中に新しいお店が開店しているのを見つけました。それも夢楽と同じくラーメン屋さんです。統子は全力で夢楽まで走り出しました。

父さん！　大変よ。駅前にラーメン店ができているわよ

なんだ、そんなことなら先月、案内が来てたから知ってるぞ

よく落ち着いていられるわね！　同じラーメン屋ができたのよ。今でさえ苦しいのに、これ以上売上が減ったらどうするのよ

そんなに心配することはないさ。聞けば、フランチャイズのチェーンのラーメン屋じゃないか。夢楽の味にかなうわけがないだろ。客は美味しいラーメンを食いに来るんだからな

統子は、なんだか力が抜けてしまいました。とりあえず様子を見るか……

しかし事態は統子たちの予想を上回ってしまいました。新しくオープンしたラーメン屋さんは、「味一（みいち）」。開店から１週間のオープニングセールでは、連日、入店待ちに行列が続きました。しかし、セールが終わっても状況は変わりません。１ヶ月経った今でも、味一は黒山の人だかりなのに、夢楽は閑古鳥が鳴いています。さすがの文吉の顔にも焦りが見られるようになってきました。

アンケートデータを分析する

どうしてフランチャイズの、どこにでもあるまずいラーメン屋が繁盛するんだよ

本当に、まずいのかしら？

なんだと？　夢楽より味一の方が美味しいとでも言うのか？

そうじゃないけど、お客さんがどう感じているか確かめる必要はありそうね

お、それなら俺が作った、今使っているアンケート結果を分析してくれ

図1　文吉の作ったアンケート

ラーメン夢楽アンケート

お名前（　　　　　　　　　　）

夢楽のラーメンを食べた感想

夢楽に点数をつけると何点ですか?

点

ご協力ありがとうございました

文吉はうれしそうに、日焼けしたアンケート用紙をゴソゴソと取り出して来ました（図１）。

アンケート用紙を見て、統子は深くため息をつきながらつぶやきました。

これじゃデータは足りないけど、父さんのために、このデータを一度分析してみるか……

平均値を比較してみる

文吉の作ったアンケートでは、夢楽の点数があります。そこで、統子は去年の点数と今年の点数を比較してみることにしました。同じ７月の2012年と2013年のデータがちょうど40人分ずつあったので、点数を一覧化して、平均値や標準偏差を求めました（表１）。

表１　お客さまがつけた夢楽の点数の2012年７月と2013年７月比較

No	2012年7月	2013年7月
	1年前	今年
1	90	73
2	84	74
3	100	86
4	79	71
5	77	70
6	92	73
7	78	88
8	75	82
9	82	65
10	85	79
11	95	78
12	82	83
13	98	95
14	93	95
15	88	76
16	85	77
17	95	75
18	86	79
19	94	77
20	89	70
21	80	72
22	70	75
23	81	80
24	98	55
25	92	87
26	75	74
27	76	71
28	51	52
29	53	39
30	79	40
31	39	70
32	44	31
33	77	54
34	42	43
35	77	72
36	34	74
37	68	53
38	76	72
39	27	54
40	58	59
平均値	76.10	69.83
分散 (VAR.S)	350.19	221.23
標準偏差 (STDEV.S)	18.71	14.87

夢楽のラーメンへの点数は、去年の平均値より下がっているわね

た、たまたまだろ。こんなの1ヶ月だけ比較しても、たまたま低かったってことがあるだろ

いいえ、お父さん。この結果はたまたまじゃないわ

どうしてそんなことがわかるんだ

統計学には“検定”という方法があるの。データの平均値に差があるのかないのかを検証できるのよ

２標本の母集団の平均が有意に異なるかどうかを検定する方法のうち、ここではｚ検定を利用します（図２）。

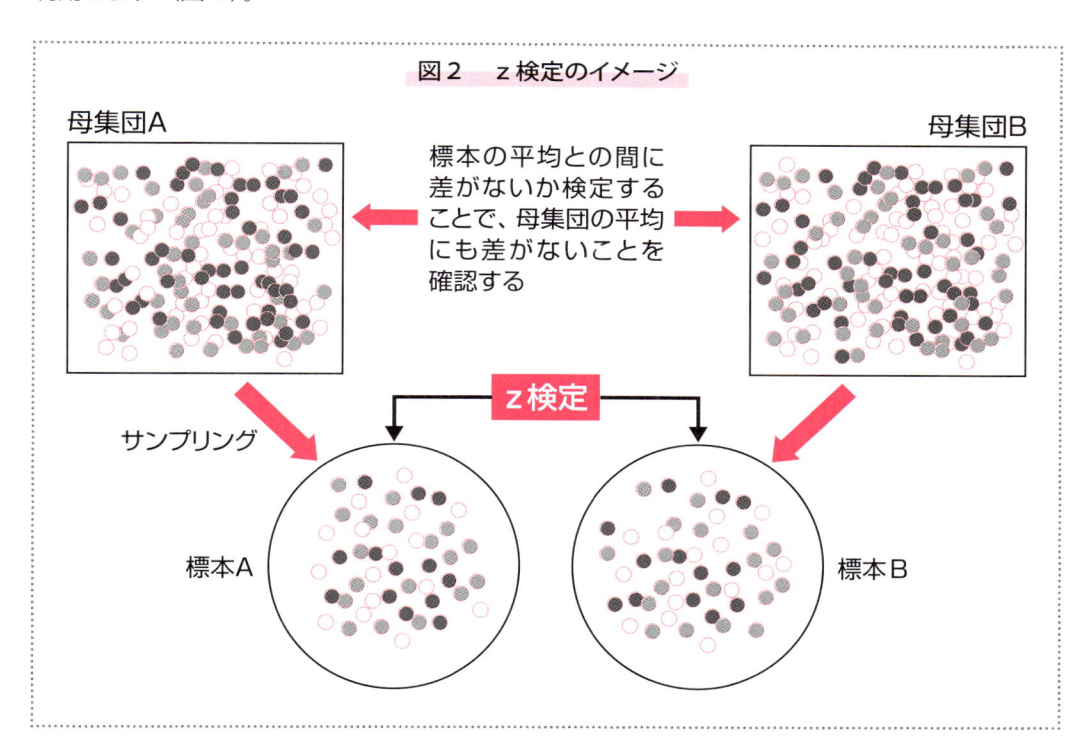

図２　ｚ検定のイメージ

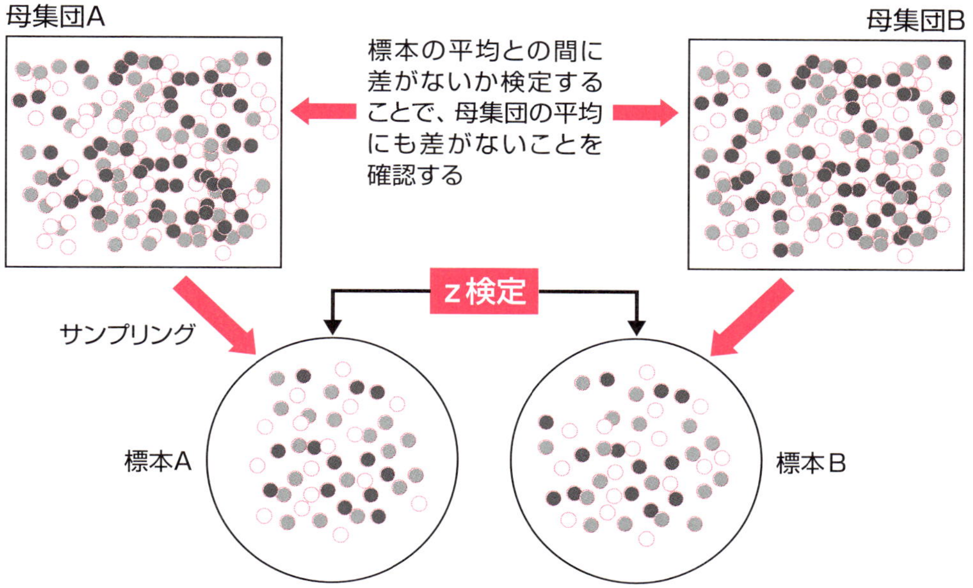

今回は１年前と今年の夢楽への点数の母集団の平均に差がないかを確かめるために、検定を利用しています。アンケートでは、１年前に比べて今年の点数は下がっています。しかし、これは文吉の言うように誤差である可能性があります。そこで、誤差なのか明確に差があるのかを確認するのがｚ検定です。

なお、ｚ検定はあくまで標本のデータ数が多い場合（だいたい30以上）に近似的に用いられます。詳しくは第７章（P.172）を確認してください。

ここでは90%の確率でｚ検定します。誤差である確率が10%未満であれば、90%つまり、10回に９回は明確に差があるということです。

ｚ検定の結果は表２のとおりです。注目するのは、P（Z＜＝z）両側の値です。

0.096869921となっており、0.1（10%）より小さいですね。

つまり、「夢楽のラーメンの点数は、１年前に比べて90%以上の確率で下がった」ということがわかります。

▼表２　夢楽への点数のｚ検定

	1年前	今年
平均	76.1	69.825
既知の分散	350.19	221.23
観測数	40	40
仮説平均との差異	0	
z	1.660221399	
P(Z<=z)片側	0.048434961	
z境界値 片側	1.644853627	
P(Z<=z)両側	0.096869921	＜0.1
z境界値 両側	1.959963985	
	2012年7月	2013年7月

Excel操作はココをチェック!

夢楽への点数のz検定のExcelの操作は第2部P.172を参照

というわけで、お客さまの夢楽への評価は確実に下がっているのよ！

……だってラーメンの味は1年前と寸分も変えちゃいないぜ。なのに点数が下がるなんておかしいじゃないか！

そうね、ということはラーメンの味以外で評価が落ちているんじゃない？

2 競合調査のために アンケートをしてみよう

アンケート項目

多くのデータを集めるためには、回答者にとって回答しやすい内容や順番にすることが必要です。最初から答えにくい質問項目などがあると、アンケートの回収率は低下してしまいます。

アンケート用紙を考える

z 検定の結果、夢楽への評価は下がっているのは明確になりました。しかしなぜ評価が下がったのかはわかりません。

父さん、やっぱり、アンケートで集めた項目が足りないわ。これじゃ、下がった理由がわからないもの

むむむ、確かに味は変更してないから他に原因があるのか……

さらにアンケートの取り方もダメなのよ

なんだと！　ずっとこれでアンケート取ってたじゃないか

統子はさらに深くため気をつきながら、文吉が作ったアンケートがダメな3つの理由を説明しました。

まず1つ目は、アンケートには名前を書いてもらう必要はありませんよね。無記名の方が回答しやすいですし、そもそも余計な個人情報を集めてしまうことになります。

2つ目は、いきなり回答者に文章を書かせる自由記述から始まっています。お客さまはアンケートのような面倒くさいことはやりたくありません。そのため、ラーメンを食べた感想をいきなり求めても、多くのお客さまは書いてくれません。

3つ目は、夢楽のお店全体の点数を確認したところで、文吉はどうすればいいのでしょうか？

行動につながらないアンケート項目は不要だと言えます。

そこで、統子はアンケートを新しく作り直しました（図１）。

そして、大学で夢楽にも競合店の味一にも行ったことのない学生を10人集めて、両店に行ってラーメンを食べて、アンケートに回答してもらうことにしました。

図１　新しいアンケート用紙

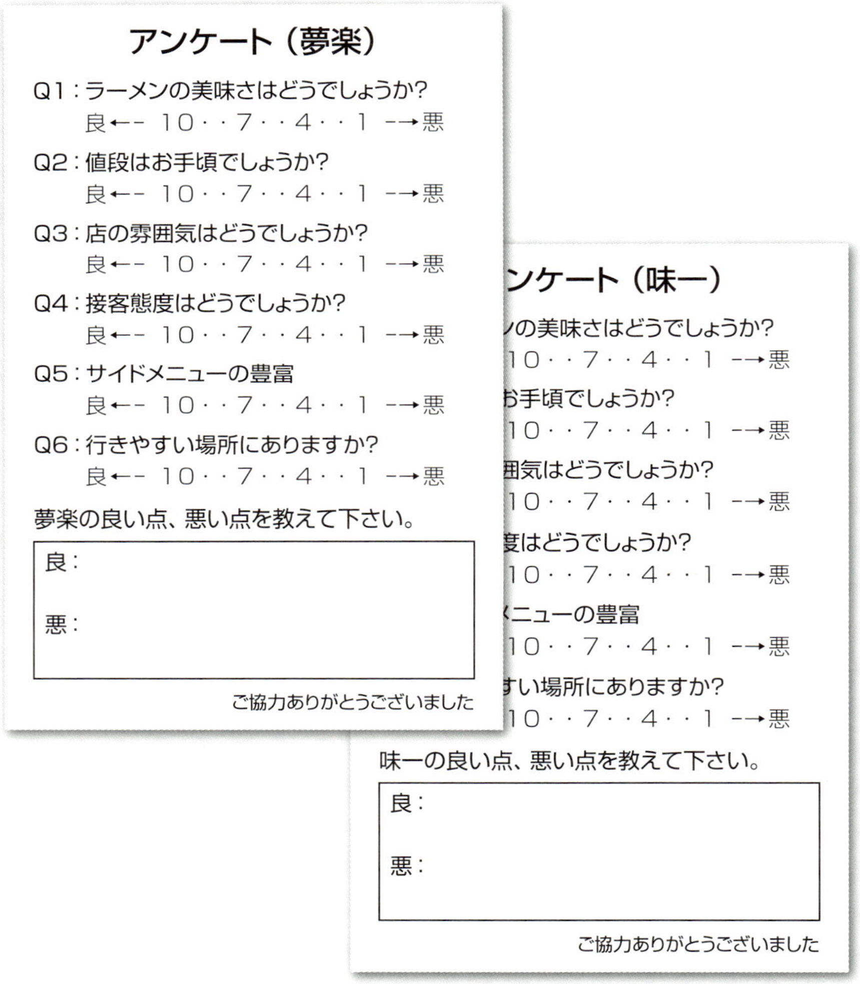

アンケート（夢楽）
Q1：ラーメンの美味さはどうでしょうか？
良←－ 10・・7・・4・・1 －→悪
Q2：値段はお手頃でしょうか？
良←－ 10・・7・・4・・1 －→悪
Q3：店の雰囲気はどうでしょうか？
良←－ 10・・7・・4・・1 －→悪
Q4：接客態度はどうでしょうか？
良←－ 10・・7・・4・・1 －→悪
Q5：サイドメニューの豊富
良←－ 10・・7・・4・・1 －→悪
Q6：行きやすい場所にありますか？
良←－ 10・・7・・4・・1 －→悪
夢楽の良い点、悪い点を教えて下さい。
良：
悪：
ご協力ありがとうございました
ンケート（味一）
ンの美味さはどうでしょうか？
10・・7・・4・・1 －→悪
お手頃でしょうか？
10・・7・・4・・1 －→悪
囲気はどうでしょうか？
10・・7・・4・・1 －→悪
度はどうでしょうか？
10・・7・・4・・1 －→悪
ニューの豊富
10・・7・・4・・1 －→悪
すい場所にありますか？
10・・7・・4・・1 －→悪
味一の良い点、悪い点を教えて下さい。
良：
悪：
ご協力ありがとうございました

3 アンケートの結果に意味があったのか分析しよう
t検定

2つのデータの平均値を検定するには t 検定がありますが、ここでは、一対の標本による t 検定を利用します。同じ標本に対する前後の状態の違いを検定するものです。

味一（競合店）とどっちが美味しいのだろう？

早速集まった10枚のアンケートを統子は分析していくことにしました。６個の質問に10点満点で答えてもらったアンケートを一覧表にしました。その中でまず、夢楽と味一の美味しさ（Q１）について比較していくことにしました（表１）。

美味しさの比較結果を見て、文吉は早速大喜びです。

ほらな、言っただろ。うちが味でチェーン店の味一に負けるわけなんかないって

表１　美味しさに関するアンケート結果（Q１）

美味しさ	夢楽	味一
No1さん	10	6
No2さん	8	7
No3さん	6	5
No4さん	9	6
No5さん	7	7
No6さん	4	8
No7さん	4	7
No8さん	6	6
No9さん	7	7
No10さん	9	5
合計（SUM）	70	64
平均値（AVERAGE）	7.0	6.4
分散（VAR.S）	4.22	0.93
標準偏差（STDEV.S）	2.05	0.97

確かに、美味しさの平均値は、夢楽が7.0点で、味一が6.4点で、夢楽が上回っています。しかし、統子の中では不安が高まります。

ほんとに夢楽の方が点数は高いのかしら？

統子！　何を言っているんだ、そんなの平均値を見ればわかるだろ

でもね、お父さん。そんなに大きな差がついているわけでもないし……もう一度アンケートを取ったら、結果は逆になるかもしれないわよ

そんなこと言ったら、何度も何度もアンケート取らないといけないだろ。そんなの無理だよ

そんなことないわ。統計学では、この結果がどれくらい確かなものか調べられるのよ

さっきのｚ検定ってやつかい？

いいえ。今回は、ｔ検定を使うわ

どの検定を実施したらいいの？

アンケートをしても、実施時期や、対象者が変われば結果が変わってくる可能性がありますよね。特に今回のように僅差の結果であれば、次はどっちに転んでも不思議はありません。そこで今回の結果がどれくらい確からしいか分析してみるのが「検定」です。

今回のアンケートのように、２つの平均値を比較する方法にはいくつかの手法があります。

先ほどの夢楽への点数の分析は、近似的にｚ検定を利用しました。

今回のアンケートは、同じ人が夢楽と味一を比べているので、一対の標本によるｔ検定を利用します。

なんだ、検定って？　ｔとかｚなんて一体、ラーメン屋の何に役に立つんだよ

お父さん！　今は、競合店ができて、売上が下がっているじゃない。しっかりその原因を探るには、こういった検定が必要なのよ！

……まあ、そうだが、何をやるのかさっぱりわからんぞ

検定にも色々種類があるけど、今回は、実施したアンケートが確かなのかを確認できるのよ。つまり、アンケートの結果は本当に夢楽のラーメンが味一のラーメンより美味しいのかどうかを確認できるの

具体的にはどんなことがわかるんだ？

今回のアンケートが90％以上確かかどうかわかるのよ。90％、つまり、10回このアンケートをやったら、9回は同じ結果になるかどうかがわかるの。こういうのを90％の有意水準というのよ

確かに…10回やって9回同じだったら認めざるを得ないだろうな。そうしたら夢楽のラーメンは味一のラーメンより美味しいと言えるんだな！

そのとおりよ！　では早速やってみるね

今回は一対の標本によるt検定を実施します。ｔ検定にはいくつの種類があり、データに対応があるかどうかで利用する検定の種類は変わります。今回は10人の大学生に夢楽と味一のラーメンを食べてもらってアンケートに答えてもらいました。データは一対になっています。このことを“データに対応がある”といいます。

一方で、20人の大学生を雇って、10名が夢楽、残り10名が味一に行ってラーメンを食べてアンケートに答えたとします。その場合は“データに対応がない”ということになります。対応がない場合は、そもそも母集団の分散が等しいのか等しくないのかでF検定【注】を行い最終的に実施するｔ検定を選びます。

今回は２つの対応のあるデータの検定ですので、“一対の標本による平均値の検定”であるｔ検定を実施します。どういった場合にどの検定手法を使えばいいのかを次の図にまとめます（図１）。

【注】なお、Ｆ検定を実施する方法は、第７章第４節「Ｆ検定」、第７章第５節「ｔ検定～対応のない、等分散データ」で紹介しています。

図１　２組のデータの平均値比較でどの検定を利用するか？

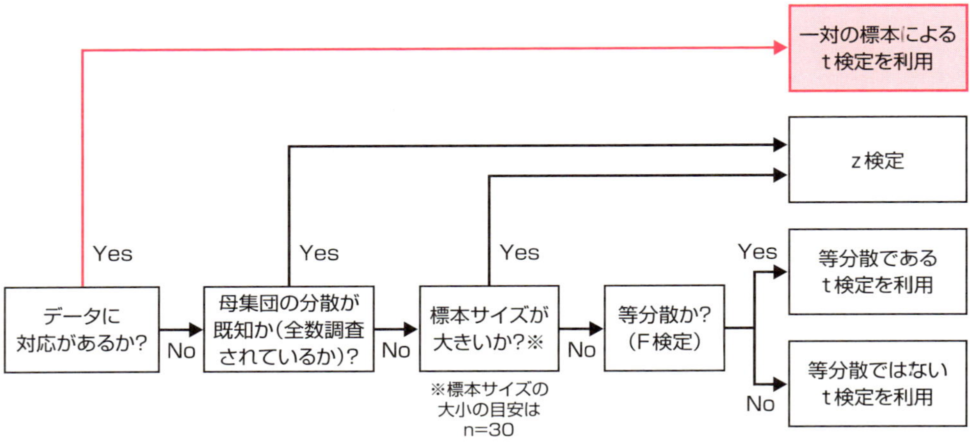

それでは早速、ｔ検定を実施してみます（表２）。

表２　ｔ検定の結果（一対の標本によるｔ検定）

	夢楽	味一
平均	7	6.4
分散	4.2222222	0.933333
観測数	10	10
ピアソン相関	−0.503745	
仮説平均との差異	0	
自由度	9	
t	0.7092994	
P(T<=t)片側	0.2480508	
t 境界値　片側	1.8331129	
P(T<=t)両側	0.4961016	> 0.1
t 境界値　両側	2.2621572	

Excel操作はココをチェック！

一対の標本によるt検定のExcelの操作は第2部P.178を参照

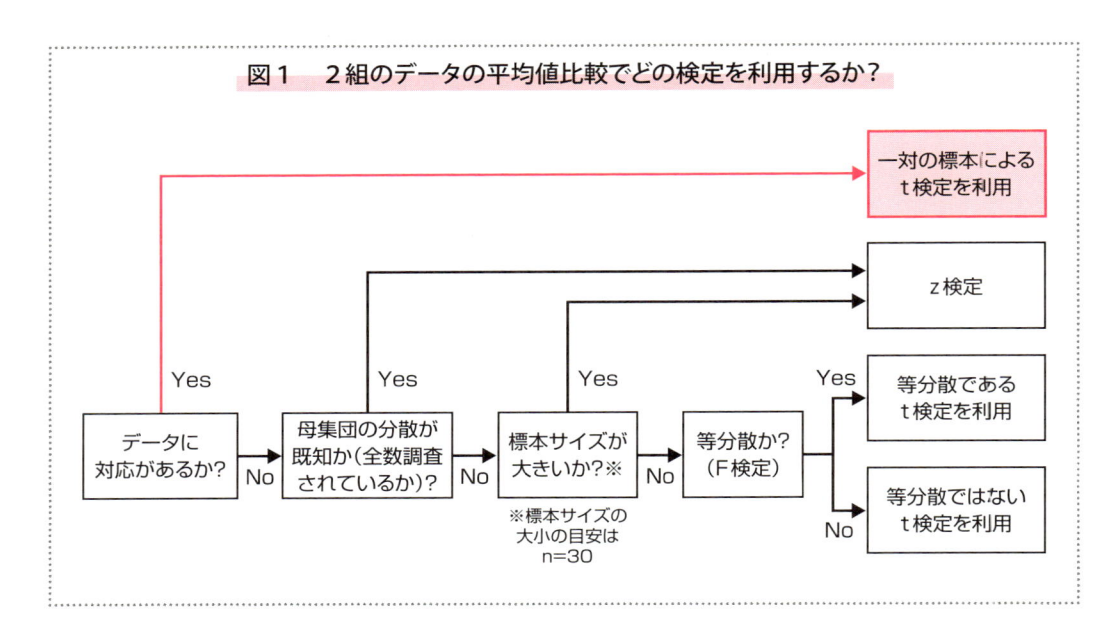

今回注目するのは、「P(T<=t)両側」の値です。

「P(T<=t)両側」= 0.4961016 > 0.1 = 10%となり、10%より大きくなっています。これは、味一の方が味楽より美味しい確率が10%以上ある、つまり、90%の確率では、夢楽と味一に違いがあるといえない！　ということになりました。

と…いうことは……

文吉は遠くを見つめたままブツブツつぶやいています。

お父さん！　こっちを向いて！　今回のアンケートの美味しさ結果の結論は、夢楽と味一で美味しさに差があるとはいえない！　ということよ

う……うそだろ

統子は落ち込む文吉を見ながら続けた。

これで、うちの方が美味しいって「言い切れる」理由がなくなったわね

統計学は残酷だな

創業20年の文吉のプライドを統計学が傷つけたのです。

統計学が残酷なわけじゃないの。現実が残酷なだけよ。でもね。現実から目をそらしていても何も始まらないと思うの。何をやるにしても現実の把握を最初にすべきでしょ？　せっかくの機会だから、改めて、夢楽のおかれた現状を把握してみましょうよ

検定は差があることを証明するためのものです。検定をする際には仮説を立案します。

しかし、差があるかどうか証明するのは難しいものです。なぜなら差がある場合は、大きな差があるのか小さな差があるのかいろんなパターンがあります。

そのため統計学では、「差がない」ことを最初に仮説として立案します。

●この仮説が却下されたら

「差がないことを却下」つまり、差があるということになります。

今回の場合は夢楽と味一のおいしさに差がある、つまり夢楽の方がおいしいということになります。

●逆に仮説が却下されなければ

「差がないことが却下されず」ということで、差がないということになります。

今回の場合は夢楽と味一のおいしさに差がない、つまり夢楽の方がおいしいとは言えないということになります。

ｔ検定の実施の流れを次の図で確認してください（図２）。

図２　ｔ検定の実施の仕方

❶仮説を立てる
仮説「夢楽と味一の美味しさのアンケート結果には差がない」

↓

❷ｔ検定を行う
「P(T<=t)両側」の値=0.4961016をExcelで計算する。

↓

❸ｔ検定を行う
「P(T<=t)両側」の値>0.1なので、仮説が起きる可能性は10%以上である。

↓

❹仮説が却下されない
10%以上起きる事象なので、めったに起きないとはいえない。

↓

❺結論
仮説が却下されなかったので、夢楽と味一の美味しさのアンケート結果には差があるとはいえない。

つまり、夢楽と味一の美味しさに差はないとお客さまは考えている。

4 改めて夢楽の現状分析をしてみる

マーケティングを考える

企業を分析する方法は多々あり、どれを使うのが最適というものはありません。分析手法を使う目的は、分析を行う際に多面的な視点を持てるためです。最初に紹介する3C分析では、自社と顧客と競合を分析します。3C分析を行うことで、自社だけの分析に偏らず、バランス良く、自社の置かれた現状を分析することができます。

自分のことばかり考えない〜3C分析

文吉と統子は改めて、夢楽の現状について分析していくことにしました。とはいえ、統子は統計学こそ得意ですが、企業の経営について勉強してきたわけではありません。夢楽の現状を分析していくために、経営の本をいくつか買い込んで勉強することにしました。

経営学の本に登場するいろいろな分析手法に圧倒されながら、統子は「3C分析」に挑戦してみることにしました。3C分析とは、分析するべき対象の頭文字を取って名付けられています。３つのCとは「Customer」「Competitor」「Company」で、それぞれ顧客、競合、自社分析を行っていくことになります。

お父さん、うちのお客さんってどんな人が多いかなあ

そんなもん、うちのラーメンの味が好きなやつに決まってるだろ！

じゃあ、競合の味一は、お父さんから見てどんなお店だと思う？

そんなもん、ただのフランチャイズのラーメン店だろ！

じゃあ、うちのお店は、夢楽はどんなお店なの？

醤油ラーメン一筋！　20年。スープが絶品だぜ！

統子は文吉の言った内容を3C分析で、図にしてみました（図１）。

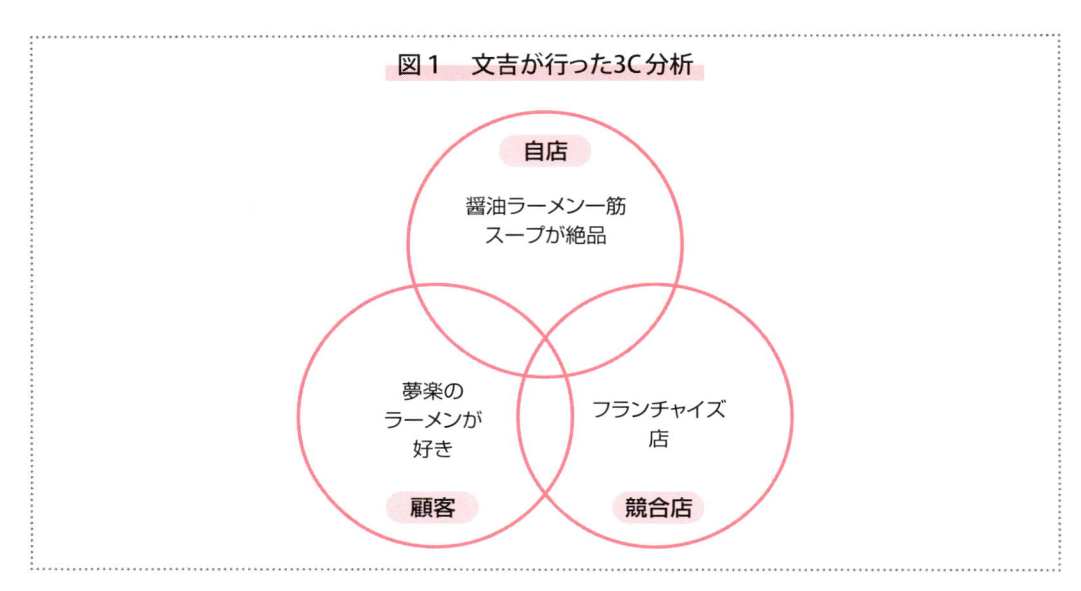

図１　文吉が行った3C分析

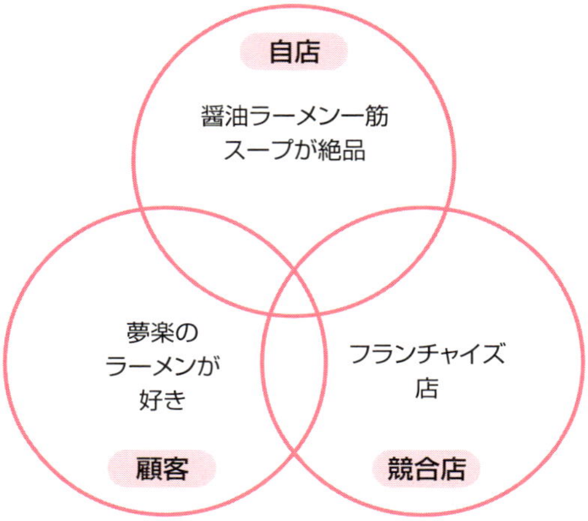

統子はため息をついた。

お父さんに聞いたのが間違いだったかなあ。全然分析にならないなあ

文吉の抗議の声を聞き流しながら、統子はアンケートの項目で最後に聞いた両店の良い点・悪い点を振り返ってみました（表１）。

表１　店の良い点・悪い点

	良い点	悪い点
夢楽	醤油ラーメンはうまい	ラーメンが出てくるのが遅い 店長がいつも怒ってるみたい メニューが少ない・店員が無愛想
味一	とんこつラーメンがうまい サイドメニューが豊富 鉄板餃子が人気 いつも賑わっている・店員が丁寧	他でも食べられる いつも混んでる

やっぱり、うまいだけじゃダメなのよねえ

アンケートの結果でも味は大差がなかったですが、味以外で負けていることがたくさんあったようです（図２）。

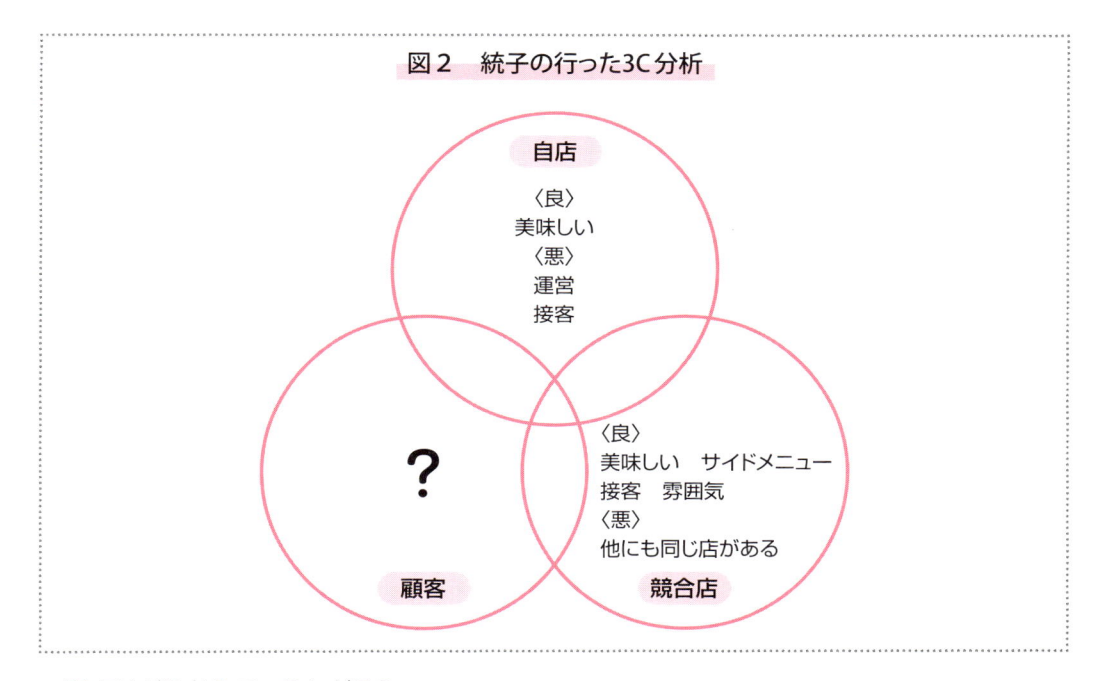

図２　統子の行った3C分析

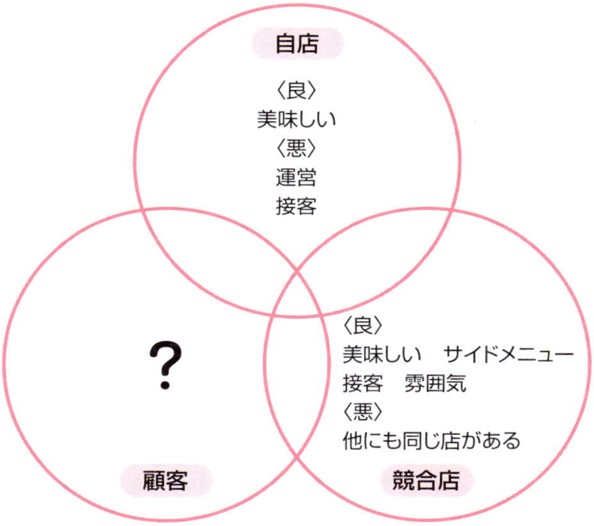

顧客はどう考えているんだろう…

確かに文吉の作るラーメンは美味しい。味一のラーメンもよく研究されているとはいえ、統子も文吉の作る夢楽のラーメンの方が美味しいと感じている。

でも、圧倒的な差じゃないんだよなあ……

美味しさが僅差であるため、味以外の要素で上回る味一のラーメンが総合力で勝っているのではないか。そもそも「美味しい」って主観でしかない。味が本当に良くても、接客や店の雰囲気が悪い店だと、お客さまの感じる「美味しい」の点数は下がってしまうのだろう。

競合店に勝つためには、競合店以上に味が良くて、接客が良くて、サイドメニューが豊富で、雰囲気も良くて、建物も立派にして……ダメだダメだ。うちに今、お店を立て直すお金はないし、味一のような雰囲気のお店にはできそうもない。

3C分析で行き詰まってきた統子は、次の分析を行うことにしてみました。

顧客について考える～STP分析

統子は顧客についてもっと考えるため、マーケティングの手法であるSTP分析について考えてみました。STPのSはセグメンテーション（市場細分化）、Tはターゲティング（市場の絞り込み）、Pはポジショニング（差別化）と、それぞれの頭文字をとったものです（図3）。

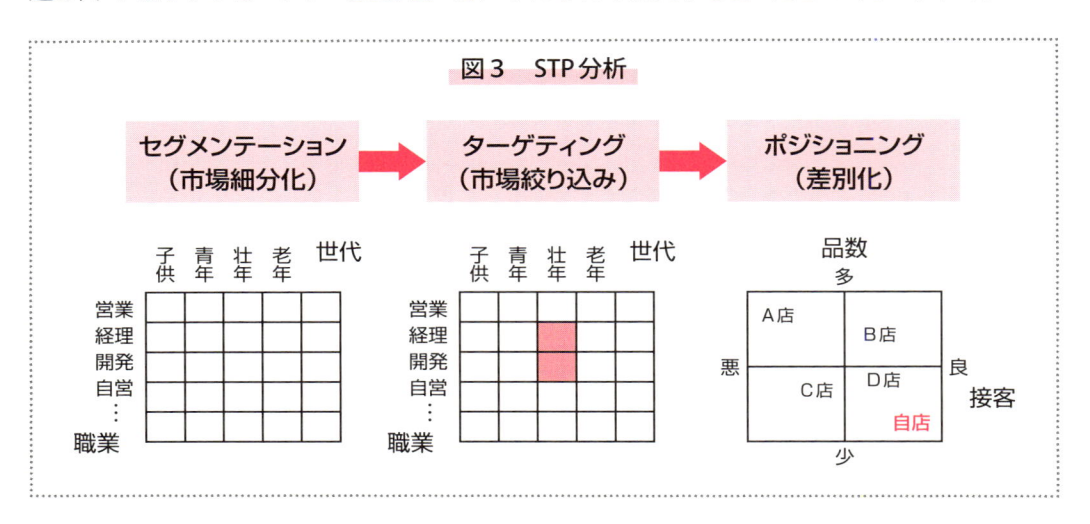

図3　STP分析

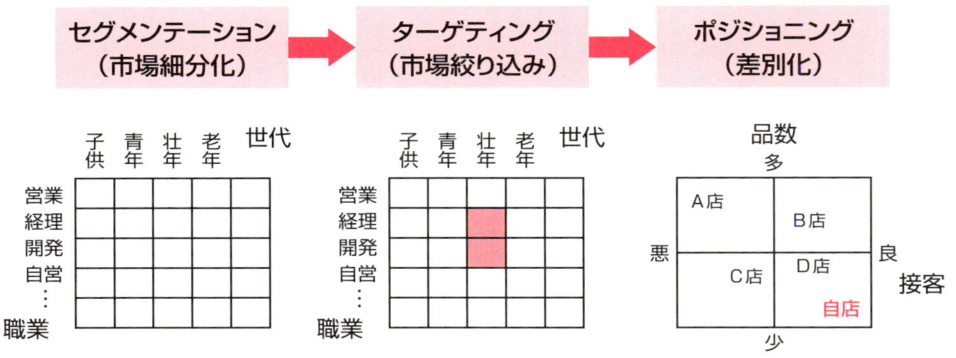

まず、市場というかお客さまをセグメンテーション、分類すればいいのね。分類軸は、年齢、性別、職業、趣味、家族構成、年収……うちのお店に一番来てくれそうな人は……（表2）

表2　お客さまの分類軸

分類軸	内容
年齢	30代かなあ
性別	男性が多いわね
職業	平日はサラリーマンが多いわ
趣味	なんだろう???
家族構成	把握していないなあ
年収	400万円くらいかしら

夢楽に来店してくれるお客さまの分類軸を書き出してみたものの、どうも一般的すぎて、統子はピンときません。

こんなの分類して意味があるのかしら…もっと具体的に考えてみようっと

統子はより具体的に夢楽に来店してきてくれるお客さまを何人か思い浮かべました。

立川さんはいつ来ても、忙しそうで、10分くらいで急いで食べて帰っていきます。片山さんはいつも夢楽のラーメンは最高だって言ってくれます。片山さんの会社は夢楽からはちょっと離れているのに頑張って来店してくれます。並木さんはラーメン大好きで、休日はいつも全国のラーメン店を回るのが趣味だそうです。山野さんは、いつも家族連れで土曜日に来られます。土曜日は空いているからゆっくりできていいんだなんて言いながら、滞在時間も長めです。

どのお客さまも大切であることは変わりません。でも、あえて、こんな人が増えればいいのかなあと考えると、やっぱり片山さんの顔が浮かびます。ラーメンにこだわりがあり、その中で夢楽のラーメンが大好きと言ってくれる、そんな片山さんがみたいな人が夢楽のお客さまで増えたら、もっと繁盛するのかしら。

統子は考えたことを図にしてみました（図４）。ラーメンにこだわりがあって、夢楽のことを好きだと言ってくれる……これがセグメンテーションの分類軸になるのかしら。

図４　夢楽のお客さまの分類

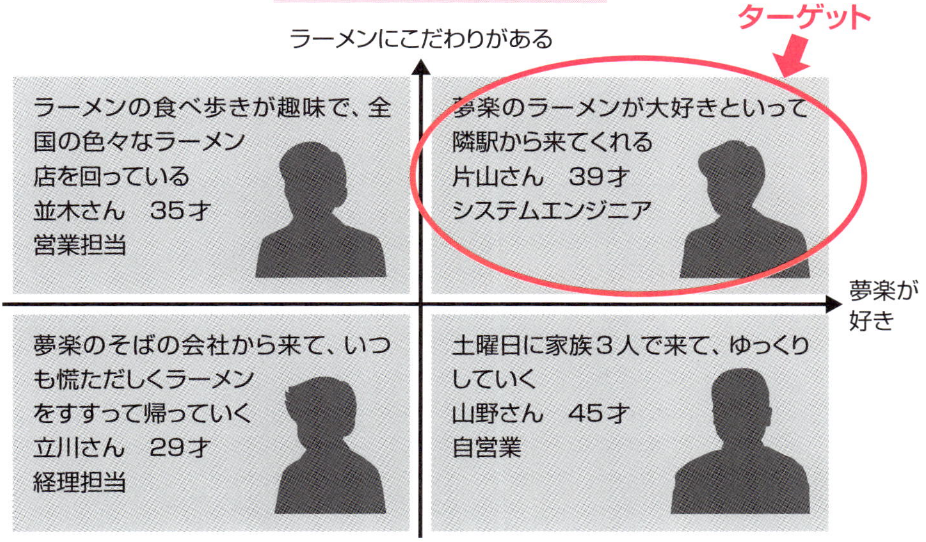
ターゲット
ラーメンにこだわりがある
夢楽が好き
ラーメンの食べ歩きが趣味で、全国の色々なラーメン店を回っている
並木さん　35才
営業担当
夢楽のラーメンが大好きといって隣駅から来てくれる
片山さん　39才
システムエンジニア
夢楽のそばの会社から来て、いつも慌ただしくラーメンをすすって帰っていく
立川さん　29才
経理担当
土曜日に家族３人で来て、ゆっくりしていく
山野さん　45才
自営業

分類していると、ターゲットが自然と見えてきたことに統子は、はっとしました。これってターゲティングができてきたって言えるのかしら。

そうすると、夢楽のポジショニングはどうなるのかしら……

片山さんは、いつも美味しいとか、この昔ながらのtheラーメン屋みたいな雰囲気が好きだって言ってくれる。味だけでは圧倒的な差をつけるのは難しいけど、味と雰囲気で夢楽らしさをもっと出せれば……そうしたら、さらに片山さんみたいなお客さまが増えるかしら。

コラム

STP分析

STP分析は、効果的に市場を開拓するためのマーケティングの代表的な一つの手法のことで、フィリップ・コトラーが提唱しました。

マーケティングの目的である、自社が顧客に対してどのような価値を提供するのかを明確にするための要素、「セグメンテーション：Segmentation」「ターゲティング：Targeting」「ポジショニング：Positioning」の3つの頭文字を取っています。

なお、セグメンテーションの分類基準には以下のようなものが挙げられます。

地理的基準（ジオグラフィック）	最も基本的な細分化基準で、市場を国、地域、都市、と地理的な要素により細分化する基準です。
人口動態的基準（デモグラフィック）	年齢とライフサイクルの段階、性別、所得、学歴、世代、などの人口動態的な要素による細分化する基準です。 比較的容易に定量化し測定できる基準ですが、必ずしも市場細分化に求められる要件を満たすわけではないため、製品特性や市場状況を踏まえて採用する必要があります。
心理的基準（サイクグラフィック）	社会階層、ライフスタイル、パーソナリティなどの心理的な要素により細分化する基準です。
行動基準	製品に対する消費者の知識や態度、使用法、反応などによって生じる、購買状況、求めるベネフィット（便益）、使用者のタイプ等の行動によって細分化する基準で、主に次の要素が挙げられます。 • **購買状況**：製品を「買おうと思った時」「買う時」「使う時」の状況によって市場を細分化。 • **ベネフィット**：消費者が製品に求めるベネフィットに応じて、市場を細分化。 • **使用者のタイプ**：該当製品の非使用者、過去の使用者、潜在的使用者、初めての使用者、常時使用者、と使用の頻度によって市場を細分化。 • **使用率**：少量／中量／大量消費者によって市場を細分化。 • **ロイヤルティ**：製品やブランドに対するロイヤルティ（忠誠心）の程度によって市場を細分化。

今回は、行動基準のロイヤルティによって細分化しました。

弱者の戦略を考える〜ランチェスター戦略

次に、統子が手に取った本は、ランチェスター戦略の本でした。ラーメンで、ランチェスターなんて、なんとなく音の響きが夢楽に合うかもと勝手なことを考えながら読み進めます。

ランチェスター戦略は弱者の戦略と言われます。強大な敵に弱者が正面からぶつかれば負けてしまうに決まっています。今の夢楽が全国チェーンの味一に真っ向勝負をしても勝ち目はありません。

統子は味一の良い所を思い出してみました。ラーメンの種類も豊富だし、何より鉄板餃子などのサイドメニューが充実しています。店員もしっかりトレーニングされているのか皆愛想がいいです。一つ一つの項目を比べていくと勝ち目がなさそうです。

弱者は局地戦で、一点集中で勝つしかないのね

一点集中というと、夢楽の特徴である、昔ながらの「こだわりの東京醤油ラーメン」で勝つしかなさそうです。ラーメンの種類や、サイドメニューの種類は味一みたいには増やせそうもありません。もうちょっとお店をレトロな感じにして、伝統を醸しだして、品数は増やせないけど、東京醤油ラーメンのトッピングは増やしたりできるかしら……

なんとなく、新生夢楽の方向が見えてきた統子は、まだまだ夢楽にも可能性があることに思いを馳せつつも、やるべきことの多さに愕然とします。ラーメンの見直しも含めて、まず自分のお店のことをもっと知って、改善できるところからやっていこう！　と決意するのでした。

コラム

ランチェスター戦略

ランチェスター戦略は、F·W·ランチェスターが発見した2つの法則からなります。

2つ目の法則から確認すると、「確率戦の法則」とも言えます。集団対集団の戦いにあてはまり、兵力数の差は、二乗となって影響します。集団の戦いになれば、兵力数の差は、ほとんど決定的な要因として勝ち負けに影響します。つまり、夢楽のように経営資本の少ない企業は、第二法則では味一のようなフランチャイズの大企業には勝てないということです。敵の兵力が多ければ戦わないことが重要です（ただし、兵力差が小さければ、優秀な武器を使えば勝利する可能性はあります）。

戦力に差がある場合に直接対決しても勝ち目がない

そうすると、経営資本の少ない中小企業は、第一法則、すなわち、局地戦を重視し、接近戦を挑み、一騎打ちに持ち込まなければ勝つことはできません。

弱者の5大戦略としては以下のものが挙げられます。

1. 局地戦で戦う「弱者は小さな市場で大きなシェアを！
2. 一騎打ちに持ち込む
3. 接近戦で戦う
4. 一点集中主義に徹する
5. 陽動作戦を展開する

今回のケースでは、全国のシェアを争う必要はなく、夢楽の周辺でだけ味一に勝てばいいのです。そして、全ての商品で勝つ必要もなく、東京醤油ラーメンの一点で勝てば良いのではないでしょうか。

第1部

第3章

うちのお店を考え直す!

本章では、売上に影響する要因から売上を予測する方法を検討します。売上を説明する要因がひとつだけなら、単回帰分析によって売上を説明する式を作成できます。しかし、通常は複数の要因があるために、単回帰分析では説明不足となりがちです。そこで複数の要因（説明変数といいます）で売上（目的変数といいます）を説明する重回帰分析が登場します。重回帰分析を用いると、複数の要因から売上を説明する式（予測式）を作成したり、売上に与える影響の大きさを把握したりすることができます。

また、マーケティングの視点から店舗のコンセプトを見直す方法や新商品開発のためのチェックリストなども検討します。

1 気温はラーメンの売上にどれだけ影響を与えたか？

単回帰分析

回帰分析とは、目的変数が説明変数によってどの程度説明できるかを定量的に分析する方法です。本節では、気温が売上に与える影響を調べ、気温（説明変数）と売上（目的変数）の関係を回帰式で表します。単回帰分析の回帰式は、$y = ax + b$（x：説明変数、y：目的変数）で表されます。

売上データを整理してみる

いろいろと分析をして、夢楽のことを考えてみたものの、なかなかお店の状況は好転していないようです。やっぱりもっと数字を分析してみなくちゃ、と統子は考えました。１ヶ月の売上を以前に分析しましたが、もっと長期的な傾向を確認してみる必要がありそうです。そこで、長期的に見て、売上にどういった要因が影響を与えているのか考えてみることにします。統子は味一が出店するまでの過去３年間の売上を整理しました。毎月の売上はレジの集計機能から出力して、ノートに貼り付けていましたので、その内容をExcelに入力してみました（表１）。

表１　味一が出店する前までの夢楽の長期的な売上データ

2010年度	月商	1日あたり売上	2011年度	月商	1日あたり売上	2012年度	月商	1日あたり売上
4月	1,835,980	73,140	4月	1,699,580	68,038	4月	1,277,000	53,450
5月	1,505,860	65,180	5月	1,579,760	68,790	5月	1,266,720	52,960
6月	1,786,910	68,700	6月	1,515,520	58,620	6月	1,358,660	51,900
7月	1,446,900	55,740	7月	1,287,000	51,100	7月	1,451,630	57,930
8月	1,228,660	47,340	8月	1,729,730	63,770	8月	1,214,520	45,310
9月	1,450,420	60,070	9月	1,374,720	57,080	9月	1,272,550	55,480
10月	1,501,500	59,990	10月	1,653,250	66,390	10月	1,399,270	64,020
11月	1,982,640	82,610	11月	1,727,380	71,650	11月	1,109,720	76,250
12月	1,847,040	70,680	12月	1,953,050	77,860	12月	1,422,960	79,040
1月	1,953,160	85,180	1月	1,673,390	72,630	1月	1,436,160	60,150
2月	1,658,630	72,400	2月	2,129,760	88,410	2月	1,361,310	56,630
3月	1,532,180	58,790	3月	1,648,920	63,490	3月	1,633,170	62,530

暑くなると客数は減ってしまうのか？

それにしてもうちのお店って季節によって売上の変動は激しいのね

そりゃやっぱり、暑いとラーメンを食べようという気にならないだろ

お父さんがそんなこと言ってどうするのよ！

とはいえ、統子も暑すぎるとラーメン屋でアルバイトするのも嫌になる時があります。そこで、気温とラーメン屋の関係について調べてみることにしました。月の平均気温を気象庁のデータから入手し、その月の平均来店客数を並べ表を作りました（表２）。

表２　平均気温と1日当りの平均来店客数のデータ

月商	平均気温（℃）	1日あたりの平均来店客数（人）
2010年04月	12.4	103
2010年05月	19	88
2010年06月	23.6	93
2010年07月	28	75
2010年08月	29.6	66
2010年09月	25.1	82
2010年10月	18.9	78
2010年11月	13.5	110
2010年12月	9.9	96
2011年01月	5.1	110
2011年02月	7	101
2011年03月	8.1	83
2011年04月	14.5	93
2011年05月	18.5	95
2011年06月	22.8	77
2011年07月	27.3	66
2011年08月	27.5	88
2011年09月	25.1	80
2011年10月	19.5	85
2011年11月	14.9	97
2011年12月	7.5	106

月商	平均気温（℃）	1日あたりの平均来店客数（人）
2012年01月	4.8	94
2012年02月	5.4	116
2012年03月	8.8	84
2012年04月	14.5	72
2012年05月	19.6	70
2012年06月	21.4	71
2012年07月	26.4	79
2012年08月	29.1	63
2012年09月	26.2	76
2012年10月	19.4	71
2012年11月	12.7	61
2012年12月	7.3	77
2013年01月	5.5	80
2013年02月	6.2	73
2013年03月	12.1	87

（出所：気象庁ホームページより）

Excel操作はココをチェック！

データのダウンロード操作は第2部P.188を参照

これが平均気温とその月の平均来店客数の関係を表した表よ

うーん、やっぱり暑いと客数は減っているなあ。でもそうじゃない月もあるなあ。
結局気温とラーメンの客数は関係あるのか？

横軸に月の平均気温、縦軸に平均来店客数をとって、散布図を作成し、単回帰の近似式を記入しました（図１）。

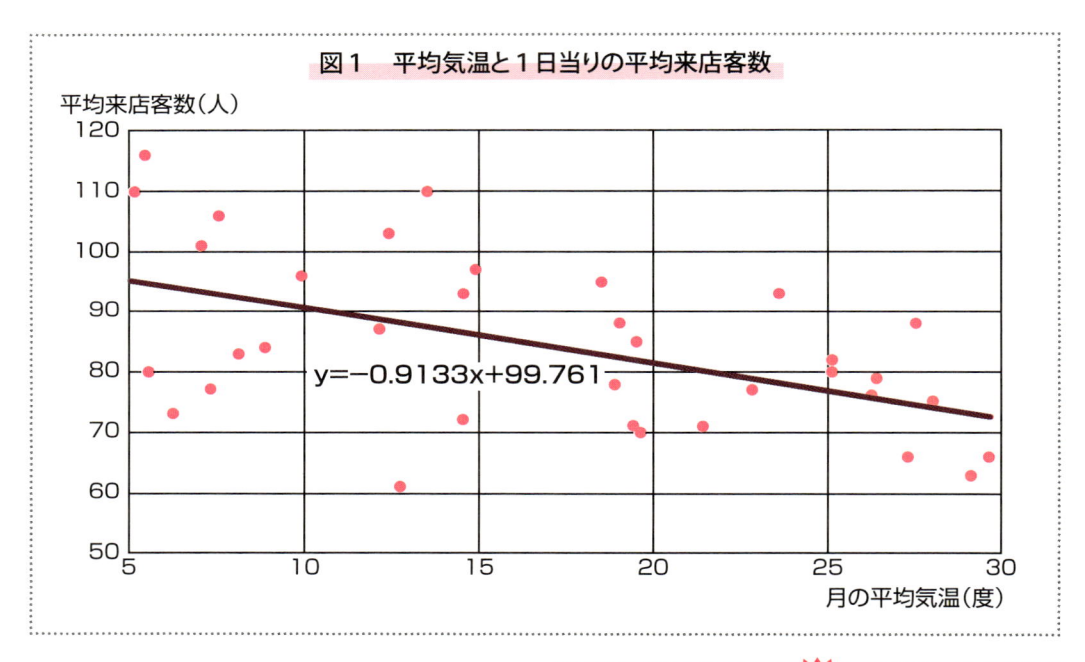

図１　平均気温と１日当りの平均来店客数

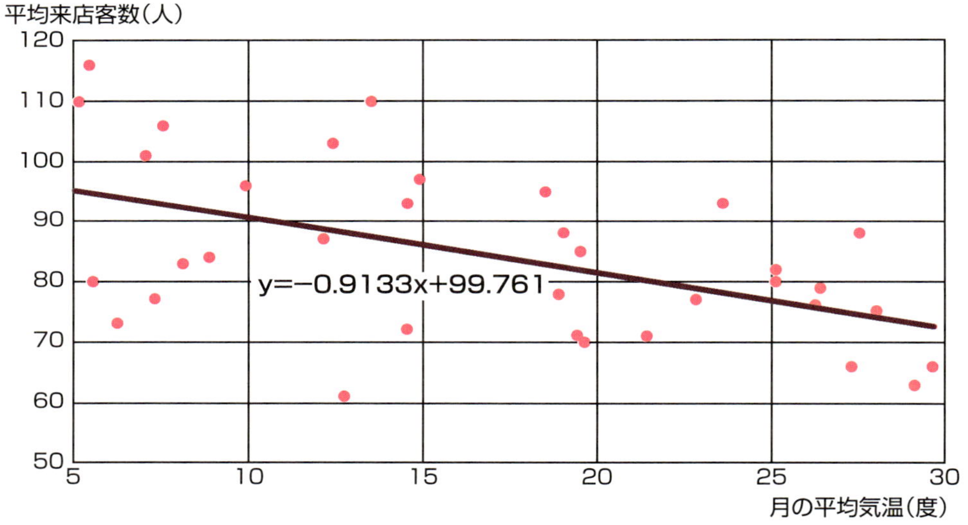

Excel操作はココをチェック!

散布図のExcelの操作は第2部P.188を参照

この式で平均気温と来店客数の関係を予測できるのよ

予測なんて、いつから統子は占い師みたいになったんだ!?

占いじゃないわよ。来店客数の予測式を作れるのよ！

図1の中にある式を見ると1度気温が上がると0.9133、つまり約1人弱お客が減るんだな

やっぱり、暑いと食欲もわかないしねえ。でも、散布図の点がばらついているから、いつもそうとは限らないわよ

うーん、そうすると、このグラフと式はどれくらい信用できるんだ？

回帰分析を使って説明するわね（画面1）

なお、先ほどの散布図では、Excelの図表の機能を用いて、近似式を表示しましたが、近似式ｙ＝ａｘ＋ｂは、回帰分析結果で出力された係数の切片（ｂ）と平均気温（ａ）となっているのがわかります。

画面１　回帰分析

回帰統計					
重相関 R		0.525332			
重決定 R2		0.275974			
補正 R2		0.254679			
標準誤差		12.20269			
観測数		36			
分散分析表					
		自由度	変動	分散	観測された分散比
回帰		1	1929.765	1929.765	12.95965039
残差		34	5062.791	148.9056	
合計		35	6992.556		
		係数	標準誤差	t	P-値
切片	(b)	99.76105	4.674041	21.34364	2.8597E-21
平均気温(℃)	(a)	-0.91326	0.253686	-3.59995	0.001002125

Excel操作はココをチェック！

回帰分析のExcelの操作は第2部P.194を参照

まずは重決定R2の値を確認するの。重決定R2は0から1の値をとって、値が大きいほど、この近似式の精度が高いと言われるの。そうね、0.4以上であれば、ある程度の信頼性があると言っていいわね

おいおい、重決定R2は0.275974だから、0.4より小さいじゃないか

そうすると、月の平均気温を使って、来店客数を予測するこの近似式は、あまり当てにならないということね

なんだよ、当たらない占い師みたいだな

今回の月の平均気温から1日の平均来店客数を予測する統子の試みは失敗に終わったようです。ただ、気温や天気が夢楽の売上への影響はありそうですので、次の節では、月の平均気温だけではなく、もっと要素を増して影響を確認し、予測式を作っていくことにします。

2 売上を予測してみる
重回帰分析で売上を予測する

売上データを収集して、毎月グラフ化すると、直線の近似式（または予測式）は簡単に求められます。ただしそれだけでは、現状の売上の傾向を示したにすぎません。売上が変動する要因は複数あると考えられます。全ての要因を明らかにすることはできませんが、１つより２つ、２つより３つと要因を探して、それらの要因を用いて重回帰分析をすることでより精度の高い売上の予測式を作ることができます。

毎日の情報をチェックしてみる

それで結局、月の平均気温からだと、うちの売上はよくわからないってことだろう

残念ながらそうみたいね、違う方法を考えようか

どんな方法があるんだ？

毎月の平均気温で判断するのはざっくりしすぎてたかなあ。日々の情報を参考にしてみようよ

何の情報を見ればいいんだ？

過去の売上を分析するにはいろんな情報があるけど、特に売上に関係しそうな情報は何かしら

天気が悪いとお客さんは来ないし、土曜日は会社が休みだからお客さんは少ないな

そうね。気温に加えて、天気（降水量）、曜日が関係していそうね

統子は、売上とともに、降水量、気温の情報を並べてみました（表１）。日曜日はお店はお休みなのでデータは使用しません。

表１　１日の売上と最高気温、降水量、曜日

日付	最高気温（℃）	降水量の合計（mm）	曜日	売上
1日	15.7	0	金曜日	103,130
2日	18.4	0	土曜日	51,220
3日			日曜日	
4日	13.9	0	月曜日	73,850
5日	15.4	0	火曜日	61,760
6日	19.1	0	水曜日	79,150
7日	20.6	0	木曜日	77,130
8日	18.7	0	金曜日	100,090
9日	18	0.5	土曜日	50,920
10日			日曜日	
11日	19.3	12	月曜日	51,000
12日	15.7	0.5	火曜日	67,740
13日	20.5	0	水曜日	64,990
14日	22.1	0	木曜日	79,620
15日	22.5	0	金曜日	75,130
16日	24.6	0	土曜日	49,310
17日			日曜日	
18日	17.4	0	月曜日	65,180
19日	18.1	23	火曜日	56,270
20日	16.7	0	水曜日	78,900
21日	16.2	0	木曜日	79,810
22日	18.8	0	金曜日	81,070
23日	17.9	54	土曜日	36,190
24日			日曜日	
25日	20.1	0	月曜日	63,820
26日	21	0	火曜日	63,850
27日	24.4	2	水曜日	68,370
28日	24.8	4	木曜日	69,800
29日			祝日	
30日	22.2	0	土曜日	52,640

合計	SUM	1,700,940
平均	AVERAGE	68,038
標準偏差	STDEV.S	15,561.5

出所：気象庁（最高気温、降水量の合計データ）

気温もそうだけど、曜日によっての売上の差も大きいな。これをどうやって分析して、予測していくんだ？

このままでは分析できないので、曜日を1と0で表してみるね（表2）

第1章
第2章
第3章
第4章
第5章

表2 曜日を数値に変換したデータ

日付	最高気温(℃)	降水量の合計(mm)	曜日					売上
			月	火	水	木	金	
1日	15.7	0	0	0	0	0	1	103,130
2日	18.4	0	0	0	0	0	0	51,220
4日	13.9	0	1	0	0	0	0	73,850
5日	15.4	0	0	1	0	0	0	61,760
6日	19.1	0	0	0	1	0	0	79,150
7日	20.6	0	0	0	0	1	0	77,130
8日	18.7	0	0	0	0	0	1	100,090
9日	18	0.5	0	0	0	0	0	50,920
11日	19.3	12	1	0	0	0	0	51,000
12日	15.7	0.5	0	1	0	0	0	67,740
13日	20.5	0	0	0	1	0	0	64,990
14日	22.1	0	0	0	0	1	0	79,620
15日	22.5	0	0	0	0	0	1	75,130
16日	24.6	0	0	0	0	0	0	49,310
18日	17.4	0	1	0	0	0	0	65,180
19日	18.1	23	0	1	0	0	0	56,270
20日	16.7	0	0	0	1	0	0	78,900
21日	16.2	0	0	0	0	1	0	79,810
22日	18.8	0	0	0	0	0	1	81,070
23日	17.9	54	0	0	0	0	0	36,190
25日	20.1	0	1	0	0	0	0	63,820
26日	21	0	0	1	0	0	0	63,850
27日	24.4	2	0	0	1	0	0	68,370
28日	24.8	4	0	0	0	1	0	69,800
30日	22.2	0	0	0	0	0	0	52,640

出所：気象庁（最高気温、降水量の合計データ）

売上、降水量や気温は数値で表されますが、曜日は数値では表示できません。このような場合は、上記の表のように、各曜日を０と１で表すことにします。

それはともかくとして、統子！ データが抜けているぞ。日曜日は休みだからともかくとして、土曜日の項目が抜けているぞ

日曜日は最初からデータがないので除いたけど、土曜日の影響は考えているわよ。月火水木金が全て０なら土曜日ってことで表からは除いているの

ふーん、そんなもんかい。じゃあ早速分析してくれよ

重回帰分析をしてみる

Excelで重回帰分析をしてみると、画面１のようになりました。

画面１　重回帰分析の結果

概要

回帰統計	
重相関 R	0.943325
重決定 R2	0.889861
補正 R2	0.84451
標準誤差	6136.228
観測数	25

分散分析表

	自由度	変動	分散	観測された分散比	有意 F
回帰	7	5.17E+09	7.39E+08	19.62156877	5.58E-07
残差	17	6.4E+08	37653294		
合計	24	5.81E+09			

	係数	標準誤差	t	P-値	下限 95%	上限 95%	下限 95.0%	上限 95.0%
切片	80976.99	10071.03	8.040587	3.40668E-07	59728.98	102225	59728.98	102225
最高気温(℃)	-1425.74	468.8381	-3.041	0.007379839	-2414.9	-436.574	-2414.9	-436.574
降水量の合計(mm)	-375.47	115.8173	-3.24191	0.004794681	-619.823	-131.117	-619.823	-131.117
月	8811.791	4407.58	1.999236	0.061828374	-487.389	18110.97	-487.389	18110.97
火	8655.55	4358.644	1.985836	0.063421647	-540.384	17851.48	-540.384	17851.48
水	20827.45	4289.57	4.855371	0.000148463	11777.25	29877.66	11777.25	29877.66
木	25821.99	4276.782	6.037715	1.33139E-05	16798.77	34845.21	16798.77	34845.21
金	35860.05	4366.015	8.213451	2.54556E-07	26648.56	45071.54	26648.56	45071.54

Excel操作はココをチェック!

重回帰分析のExcelの操作は第2部P.197を参照

重回帰分析の結果から、１日の売り上の予測式は以下のようになります（小数点以下を四捨五入して表示しています）。前節の回帰分析と同様に、切片で各変数の係数の数字を用います。

１日の売上の予測＝80,977－1,426（最高気温）－375（降水量）＋8,812（月）
＋8,656（火）＋20,827（水）＋25,822（木）＋35,860（金）

3-1節の回帰分析では、重決定R2の値で近似式の精度を判断しましたが、今回の重回帰分析では、補正R2を見て近似式の精度を判断します。補正R2は、自由度調整済み決定係数と呼ばれ、説明変数が複数ある場合、その変数の多さが与える影響を考慮した重決定係数です。説明変数が多くなるほど、近似式の精度が高くなります。よって、その影響を考慮して、説明変数が複数ある重回帰分析の場合は、この補正R2を用います。今回の補正R2の値は約0.84ですので、この予測式はある程度説明力があるといえるでしょう。

また、各説明変数のP-値は、説明変数が売上と関連しない確率を表しています。どの説明変数のP-値も0.1以下、つまり説明変数が売上に関係しない確率は0.1以下です。言い換えると、どの説明変数も90%以上の確率で売上に関係しています。一般的にはP-値0.05くらいが、説明変数が目的変数と関係しているか否かを判断する目安とされていますが、今回は0.1を目安にしています。今回のような社会科学分野の調査では0.1を目安とすることも多くあります。

それで、どうやってこの式で売上を予測するんだ？

例えば、最高気温が15度で、降水量が0mmの月曜日なら、

80,977 − 1,426 ×（15度）− 375×（0mm）+ 8,812×（月=1）

= 68,399円

と予想できるのよ

へえ、それは便利だな。これは原材料の仕入量の予測にも使えそうだな

ただ今回は、夢楽の売上データのうち１ヶ月分でしか分析していないので、もう少し長期的な季節変動なども考慮して予測式の精度を上げていくことも必要ね

重回帰分析は、複数の要因（説明変数）が結果（目的変数）に与える影響を説明する分析です。目的変数を説明変数で説明する式を作ったり、目的変数に与える影響の大きい要因を求める場合に用いられます。

3 競合店（味一）の影響を調べてみる

重回帰分析で過去を振り返ってみる

3-2節では未来の売上データを予測しました。本節では、競合店（味一）の出店で夢楽はどれくらい影響を受けていたのか、改めて過去の状態を分析します。

売上をグラフ化してみる

1ヶ月のデータで、売上の予測ができたので、今度改めて長期的な傾向に戻って分析していきます。最初に味一が出店する前までの、夢楽の長期的な売上データをExcelでグラフ化してみました（図1）。毎月の1日あたりの平均売上を縦軸にしています。あわせて、線形の近似線を引いてみます。

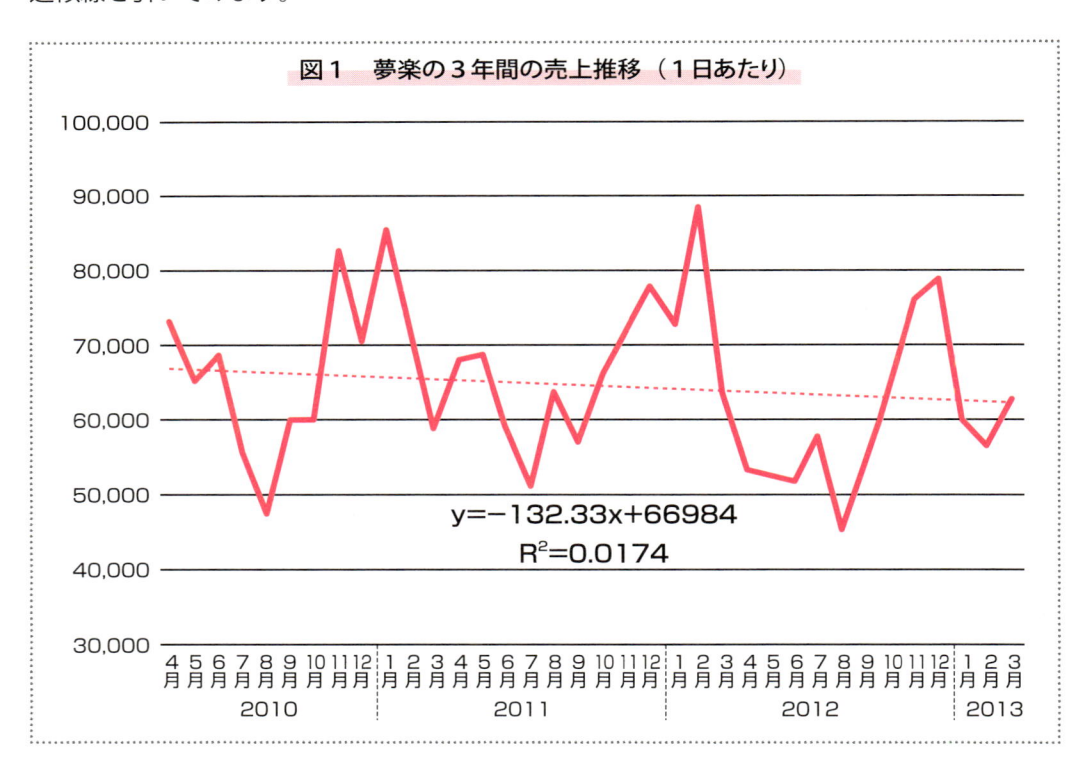

図1　夢楽の３年間の売上推移（１日あたり）

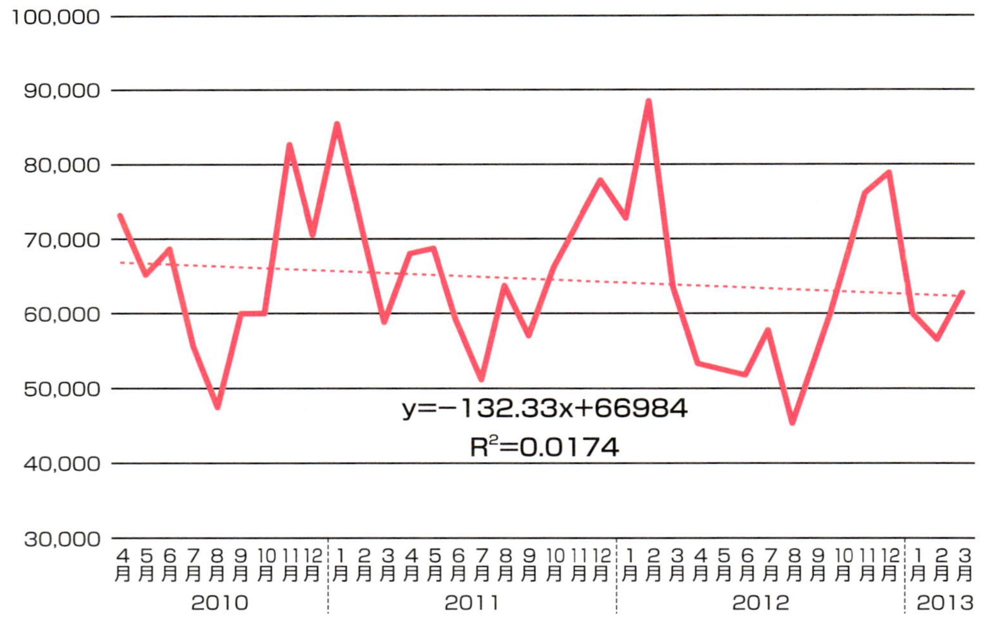

なんとなく売上は下がっているのは感じていますが、実際のところどれくらい下がっているのでしょう。また、味一ができて半年がたちましたが、本当に味一の出店後に、売上は下がってしまったのでしょうか？

3年間で徐々に売上は減少しているわね

そりゃまあ、景気もずっと悪かったからな

近似直線の傾きを見て！　毎月132円も1日あたりの売上が下がっていっているのよ！　本当に景気のせいだけかしら？

でも、グラフを見ると、重決定係数R2とやらが0.0174だから、精度がよくないんだろ。だから、これじゃあわからないんじゃないか？

確かに文吉の言うとおりで、統子もすぐに答えは出てきません。すでに競合店の味一ができてから６ヶ月経ったので、出店後のグラフも確認してみることにしました（図２）。

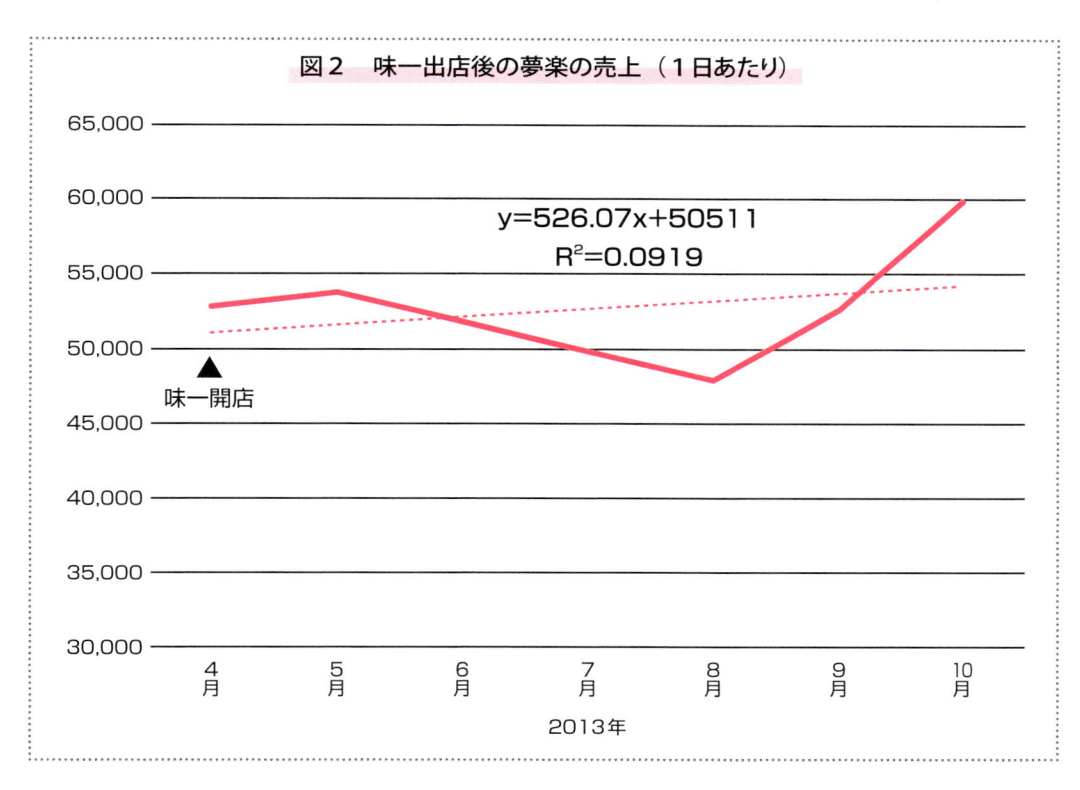

図２　味一出店後の夢楽の売上（１日あたり）

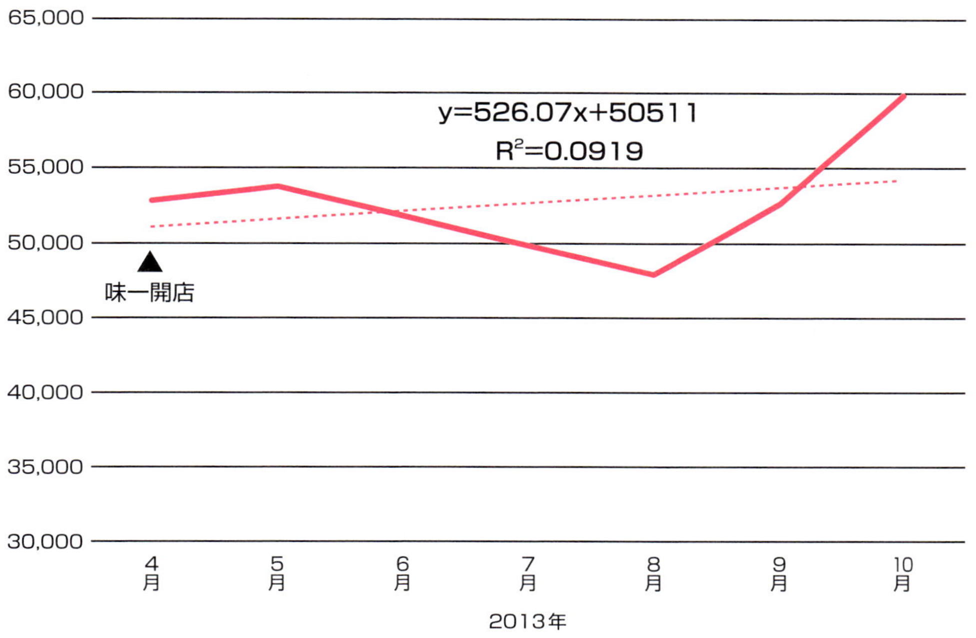

なんだ、最近の売上は回復してるじゃないか

でもこれも、R2が0.09だから精度がよくないわ。回復しているのかどうか何とも言えないわね

図3　味一ができる前後での夢楽の売上（1日あたり）式

	売上(1日あたり)の式
味一が出来る前	y=−132.3x+66984
味一が出来た後	y=526.1x+50511
	↑傾き　↑切片

いちおう式を書いてみたけど（図3)、どちらも重決定係数R2が低いから精度が悪くて予測式とは言えないわ。だから、次は実際に、味一が出店してうちの売上が本当に下がったのか調べてみるわね

味一出店前の情報から長期的な売上を予測する

そんな他の店の影響ってどうやってわかるんだい？

味一の出店前の傾向から予測される夢楽の売上と、現実の売上を比べるのよ

売上は、さまざまな要因の影響を受けます。天気や気温などの季節変動でも影響を受けるでしょうし、お客さまの満足度によっても売上は変わるでしょう。

これらの要因のデータを集めることで、複数の要因から売上を説明する式（予測式）を作ることができます。前節では、ある月の気温や曜日から予測式を作りました。本節では、今回は１日あたりの売上を決めるのに必要な要因として、“満足度”、“季節変動”、“トレンド”の３つを使うことにします。2013年の４月に競合店味一が出店しましたので、2010年４月から2013年３月までのデータを使って、売り上の予測式を作り、味一が出店しなかったらどうなっていたかを予測します（表１）。

表１　夢楽の１日あたりの売上に影響する要因

年	月	1日あたりの売上	満足度	季節変動	トレンド
2010	4月	73,140	80.2	1.10	42
	5月	65,180	79.3	0.98	41
	6月	68,700	80.5	1.03	40
	7月	55,740	77.8	0.84	39
	8月	47,340	79.9	0.71	38
	9月	60,070	74.2	0.90	37
	10月	59,990	75.6	0.90	36
	11月	82,610	78.1	1.24	35
	12月	70,680	78.4	1.06	34
	1月	85,180	78.5	1.28	33
	2月	72,400	77.8	1.09	32
	3月	58,790	77.1	0.88	31
2011	4月	68,038	76.1	1.01	30
	5月	68,790	76.9	1.02	29
	6月	58,620	79.1	0.87	28
	7月	51,100	79.5	0.76	27
	8月	63,770	74.6	0.95	26
	9月	57,080	74.0	0.85	25
	10月	66,390	74.0	0.99	24
	11月	71,650	76.6	1.06	23
	12月	77,860	79.1	1.16	22
	1月	72,630	78.5	1.08	21
	2月	88,410	76.4	1.31	20
	3月	63,490	77.3	0.94	19
2012	4月	53,450	79.4	0.90	18
	5月	52,960	75.2	0.89	17
	6月	51,900	76.3	0.87	16
	7月	57,930	76.1	0.97	15
	8月	45,310	75.9	0.76	14
	9月	55,480	73.1	0.93	13
	10月	64,020	72.3	1.07	12
	11月	76,250	72.8	1.28	11
	12月	79,040	74.9	1.33	10
	1月	60,150	74.1	1.01	9
	2月	56,630	71.1	0.95	8
	3月	62,530	72.3	1.05	7
2013	4月	52,850	69.9	—	6
	5月	53,670	65.7	—	5
	6月	51,790	66.6	—	4
	7月	49,780	69.8	—	3
	8月	47,820	68.7	—	2
	9月	52,610	69.7	—	1
	10月	59,790	70.1	—	0

３つの要因は以下の内容です。

- **満足度**：文吉が取ってきたアンケートの月次の平均点
- **季節変動**：各月の１日あたりの売上の平均値を年間の平均値で割ったもの
  ※４月～翌３月までの年度を年間として計算しています。
- **トレンド**：夢楽の売上は長期的には下がり続けているので、その傾向を反映するために、単調に減少する数値を追加したもの。ダミーの変数です。今回は簡単に毎月１ずつ減少して2013年10月に０になるように設定しました。設定により回帰式は異なりますが、単調減少を示す設定がされていればOKです。

売上に影響する要因は、もちろんこの３つだけではなく、他にもたくさんあるでしょう。ただし、実際問題として全てのデータを集められるわけではないので、重要と考えられるデータのうち、集められたもので予測せざるをえないという背景があります。

データを集めたら、Excelの重回帰分析を実施します（画面１）。

画面１　重回帰分析の結果（一部抜粋）

回帰統計	
重相関 R	0.977593
重決定 R2	0.955688
補正 R2	0.951534
標準誤差	2325.873
観測数	36

分散分析表

	自由度	変動	分散	測された分散	有意 F
回帰	3	3.73E+09	1.24E+09	230.0503	9.99E-22
残差	32	1.73E+08	5409685		
合計	35	3.91E+09			

	係数	標準誤差	t	P-値	下限 95%	上限 95%	下限 95.0%	上限 95.0%
切片	-18862.1	15582.24	-1.21049	0.234957	-50602.1	12877.86	-50602.1	12877.86
満足度	139.5955	212.3025	0.657531	0.515542	-292.85	572.0414	-292.85	572.0414
季節変動	66764.7	2568.771	25.99092	4.38E-23	61532.29	71997.12	61532.29	71997.12
トレンド	243.1961	51.02562	4.766158	3.92E-05	139.2604	347.1319	139.2604	347.1319

Excel操作はココをチェック！

重回帰分析のExcelの操作は第2部P.205を参照

（結果）売上の予測式

１日あたりの売上＝－18,862＋140×満足度＋66,765×季節変動＋243×トレンド

Excelで重回帰分析をして最初に確認するのは、「補正R2」の値です。値が大きければ大きいほど売上を説明していることになります。今回は補正R2が0.951534のため、95%のデータを説明できる式ができたということです。

なお、分析の結果、満足度のP-値＝0.515542であり、満足度は売上に影響していない可能性が高いのですが、この予測式には満足度を含めたままにしています。説明力のある説明変数を用いた回帰式にする場合は、満足度を除いて再度重回帰分析します。ここでは説明を割愛しますが、その手順については第８章P.202を参照してください。

売上の予測と実績の比較を行う

予測式ができたので、予測式に３要因の数字を入れて予測データをプロットしました。また、実績データも合わせてグラフにプロットしました（図４）。

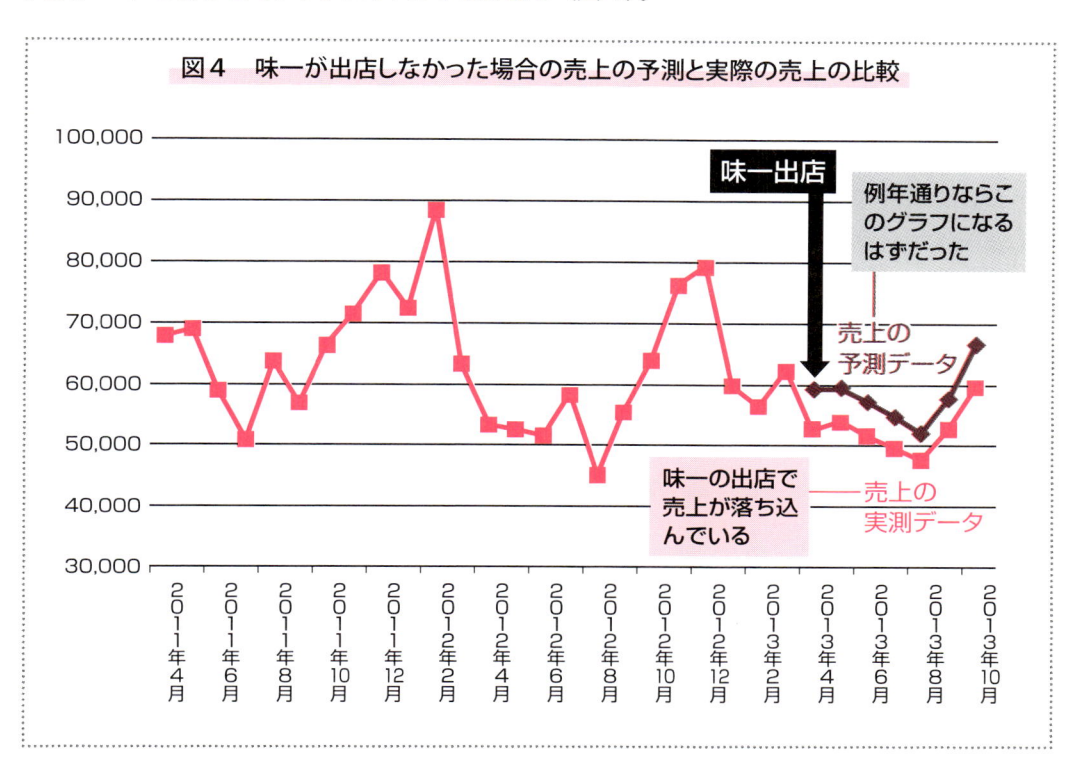

図４　味一が出店しなかった場合の売上の予測と実際の売上の比較

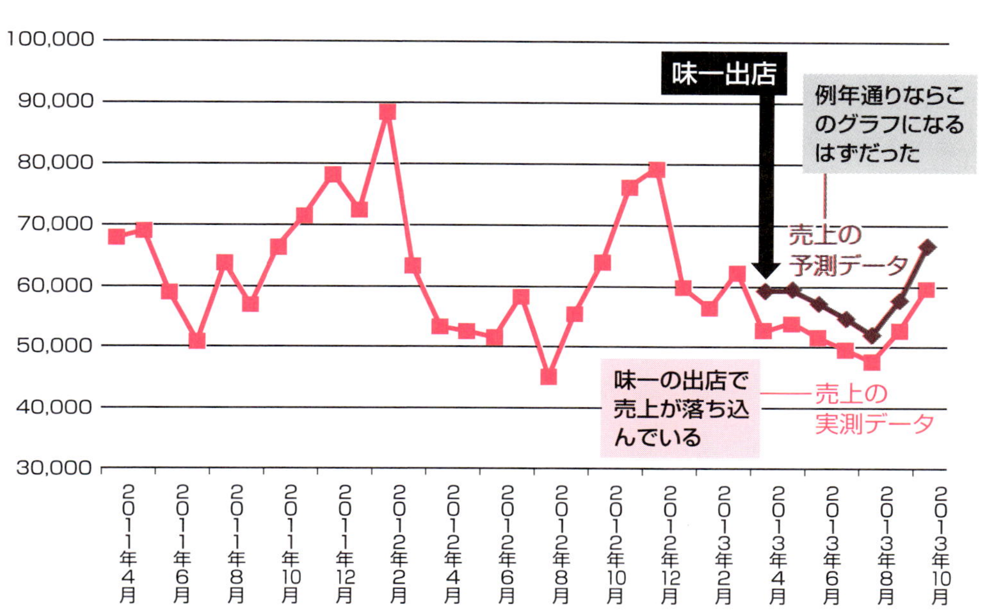

グラフを見ると、味一が出店していなくても、大きく季節変動しながら、徐々に日商は低下していっています。しかし、さらに味一出店後にグラフが下振れしているのがわかります。

文吉は認めたくないようですが、やはり味一の出店後は、売上が低下している傾向があるかも知れません。

なお、過去の期間のデータから算出された予測式なので、あまり先のことを予測する場合はずれてしまう可能性がありますのでご注意ください。

4 何が売上に効くのか？ 重回帰分析で、売上に効く要因を見つける

重回帰分析の目的は、いくつかの変数から目的の変数を予測することです。

何かの事象を説明する要因は一つとは限りません。例えば、売上が変化した場合にもその要因はたくさん考えられます。前節までは売上に与える影響を、天気や気温、季節変動などから説明する式を求めました。本節では、夢楽以外のお店を調査して、売上に効く要因は何かを重回帰分析によって探っていきます。

何が売上を決めるのか？

やはり競合店の影響が大きいことはわかりましたが、いまさら競合店をなかったことにはできません。夢楽が売上を再び上げるためにはどうしたらいいでしょうか?。

そこで、ここでは何が売上に影響をあたえるのかをもう少し深く分析していきます。

味一にお客を取られているからって、結局、うちはどんな対策したらいいんだよ

売上の上がっているラーメン店ってどんなところかしら

そりゃ、ラーメンが旨いところに決まってるだろ

うーん、味だけじゃないと思うのよ…

統子は悩んだ末に、もう少し他のお店の調査もしてみることにしました。繁盛する、つまり売上の上がっているラーメン店はどんな点がいいのでしょうか？　ラーメン店の要素をいろいろ考えた末に、「美味しさ、値段、こだわり（味の特徴・個性）、接客態度、メニュー、立地」の６つのポイントで20店舗のラーメン店を調査してみることにしました。これらの６要素は店舗の売上にどのような影響を与えているでしょうか。

しかし、他のお店の売上の数値はもらえるわけではありません。同じような時間帯にお店を調査して、平均客単価、回転数、客数などから推定することにします。また売上は店舗の大きさ、つまり席数によっても大きく変わってきます。そこで、座席あたりの想定売上で比較することにしました。

統子は大学の友達と一緒にラーメン店を調査してまわり、以下のようなデータをまとめました（表１）。

表１　ラーメン店20店舗の調査データ

	座席あたり想定売上（円）	ラーメンの単価（円）	美味しさ	ラーメンへのこだわり	接客態度	サイドメニューの多さ	駅からの距離（km）
1店舗目	8,700	850	5	5	4	4	0.8
2店舗目	6,800	790	4	4	5	3	0.2
3店舗目	6,600	690	4	4	4	4	1.2
4店舗目	6,500	700	5	4	4	3	1.5
5店舗目	6,500	800	4	4	3	2	1.9
6店舗目	6,400	840	3	4	3	2	2.5
7店舗目	6,100	790	3	4	4	2	2.2
8店舗目	5,900	750	3	3	3	2	0.2
9店舗目	5,800	590	4	4	4	4	0.3
10店舗目	5,500	780	2	4	3	1	1.1
11店舗目	4,800	390	3	3	2	5	0.8
12店舗目	4,700	400	2	2	3	5	0.7
13店舗目	4,600	420	3	3	4	5	1.5
14店舗目	4,300	500	3	3	2	3	0.2
15店舗目	4,200	430	3	3	2	4	0.3
16店舗目	4,200	690	2	2	4	2	1.3
17店舗目	4,100	670	2	1	2	5	1.4
18店舗目	4,100	620	3	3	2	2	2.8
19店舗目	3,900	380	2	3	3	4	0.9
20店舗目	3,800	450	1	2	2	2	1.4

成功するラーメン屋さんの要因は一つとは限りません。そこで、売上と各要因の関係の重回帰分析を行うことで、どの要因が売上に強い影響を与えているのかを把握します（図１）。影響には、プラスに働く要因以外にも、マイナスに働くの要因があることも考えられます。これらの要因の強さがわかれば、夢楽の売上を上げるポイントがわかるのではないかと統子は考えたのです。

図１　各要素がどのように売上に影響を与えているか？

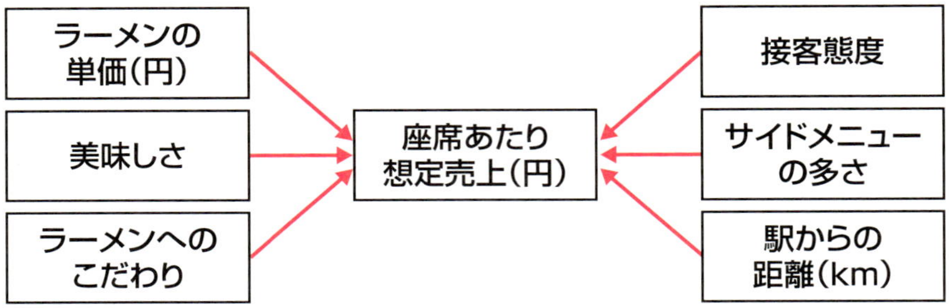

早速、重回帰分析の結果を分析してみます（画面１）。

補正R2は0.882136、つまり88%くらいはこのデータでラーメン店の売上が説明できるってことで、予測式の精度は高いといえるわね

それで結局ラーメン屋には何が大事なんだ？

そうね、その前にP-値を見ていきましょうか（画面1）

画面１　20軒のラーメン店の調査結果

回帰統計	
重相関 R	0.958831
重決定 R2	0.919356
補正 R2	0.882136
標準誤差	448.1623
観測数	20

分散分析表

	自由度	変動	分散	刂された分散	有意 F
回帰	6	29766457	4961076	24.70047	2.15E-06
残差	13	2611043	200849.5		
合計	19	32377500			

	係数	標準誤差	t	P-値	下限 95%	上限 95%	下限 95.0%	上限 95.0%
切片	−1218.89	841.1465	−1.44909	0.171005	−3036.08	598.2934	−3036.08	598.2934
ラーメンの単価(円)	4.97643	1.049312	4.742564	0.000385	2.709529	7.243331	2.709529	7.243331
美味しさ	68.97642	195.534	0.352759	0.729923	−353.449	491.402	−353.449	491.402
ラーメンへのこだわり	681.5955	201.7381	3.378616	0.004941	245.7668	1117.424	245.7668	1117.424
接客態度	53.31865	143.9616	0.370367	0.717073	−257.692	364.3288	−257.692	364.3288
サイドメニューの多さ	333.7122	130.0742	2.565552	0.023491	52.70388	614.7205	52.70388	614.7205
駅からの距離(km)	−159.687	147.8335	−1.08018	0.299695	−479.062	159.6882	−479.062	159.6882

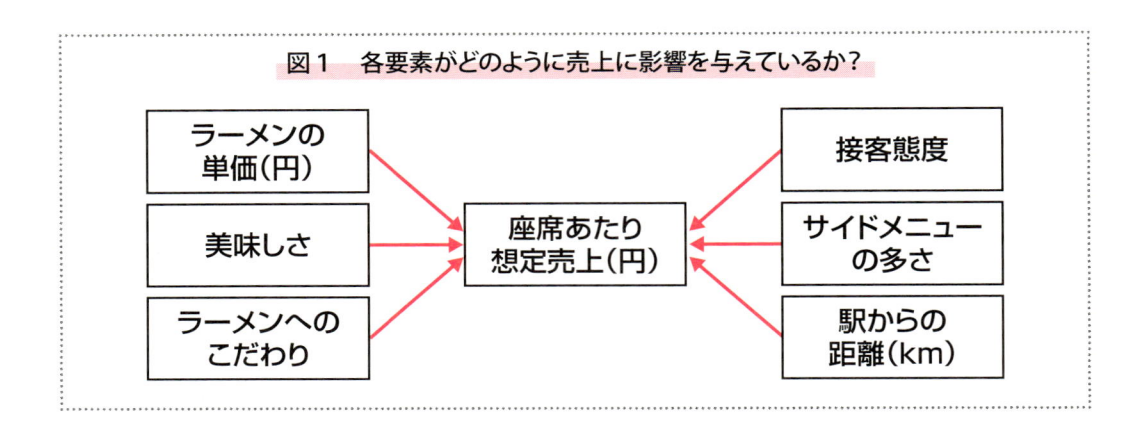

売上アップのツボを見つけた！

今回の説明変数は、５段階の数値のほか、距離、金額と単位が異なるものが入っています。そのため、重回帰分析の係数では単純に比較できません。

そこで、まずP-値を確認します。Pは目的変数（座席あたりの想定売上）と各説明変数（ラーメンの単価、美味しさ等）に関連のない確率（Probability）を表します。つまり、P-値が小さいほど、その説明変数が目的変数に関連している確率が高いということです。そこで、P-値だけ抜き出して、小さい順に並べてみます（表２）。

表２　20軒のラーメン店調査のP-値

小さい順	P-値	
ラーメンの単価（円）	0.0004	< 0.1
ラーメンへのこだわり	0.0049	< 0.1
サイドメニューの多さ	0.0235	< 0.1
駅からの距離（km）	0.2997	
接客態度	0.7171	
美味しさ	0.7299	

今回はP-値0.1を目安にしたいと思います。これらのP-値が0.1未満である、ラーメンの単価、こだわり、サイドメニューの多さの３つが座席あたりの売上に関係していると言えそうです。

次に、これらの説明変数がどれくらい１席あたりの売上に影響しているかを検討します。この場合は、重回帰の結果（画面１）のt値を確認します（表３）。

t 値は目的変数に対する影響度を表わします。係数を標準誤差で割ったものであり、説明変数の単位の影響は除かれています。

表３　20軒のラーメン店調査の標準偏回帰係数

	係数	t 値
ラーメンの単価（円）	4.98	4.74
ラーメンへのこだわり	681.60	3.39
サイドメニューの多さ	333.71	2.57
駅からの距離（km）	−159.69	−1.08
接客態度	53.32	0.37
美味しさ	68.98	0.85

t 値＝（偏回帰）係数÷標準誤差

これを見ると、ラーメンの単価が高く、こだわり（味の個性や特徴）があって、サイドメニューが豊富な店が儲かっているということか？

そうね、接客態度とか駅からの距離の影響は少ないわね

美味しさや立地は、あまり関係ないんだなあ…。しかも値段が高い方が儲かる

そういうことになるわね

よし、味一もサイドメニューの鉄板餃子が人気だしな。うちも、早速新しいサイドメニューを作ってみるか！

ちょっと待って！　今回の分析では、値段、こだわり、サイドメニューの影響が大きいことがわかったわ。でも、数字だけで先走って決めない方がいいと思うの

なに言ってんだ、今まで、数字分析ばかりしてきたくせに！

5 店舗を見直す

店舗コンセプト

店舗コンセプトを明確にするには、次の3つが必要になります。

- **ターゲットにする顧客は誰か**
- **どのような商品やサービスを提供するか**
- **どのような施設や手法で販売するのか**

つまり、誰に？　何を？　どのように？　を明確にすることです。

マーケティングのポイントを考える

確かに統子は統計学が好きで数字を分析して何事も決めてきました。でも今回はそうではないようです。どうしてでしょうか。

確かに、単価を変えたり、サイドメニューを増やせば短期的には売上は上がると思うわ。でも、もっと肝心なことがあるの。それはお店のコンセプトを明確にすることよ

また横文字が出てきたよ……それで、コンセプトってどういう意味だ？

どんなお客さまに、何を、どんなこだわりを持って提供するかということね

そんなもん、決まっているだろう。いま来てくれているお客に、うちのラーメンを、美味しく食べてもらうことだよ

相変わらずの文吉です。もちろん、多くのお客さまが、夢楽のラーメンを美味しいと言って食べてくれて、お店が繁盛していればいいのですが、現実はそうはなっていません。競合店味一ができる前から徐々に夢楽のお客は減っています。美味しさは変わっていないと文吉は言いますが、全体的に夢楽への満足度は下がっています。わざわざ夢楽を選んで食べに来てくれるだけの理由がなくなっていると考えられます。

店舗コンセプトを明確にするには、誰に？　何を？　どのように？　提供していくのかを明確にして、特徴を出す、つまり“こだわり”を明確にしていくことが求められます（図１）。

図１　店舗コンセプトが明確であること

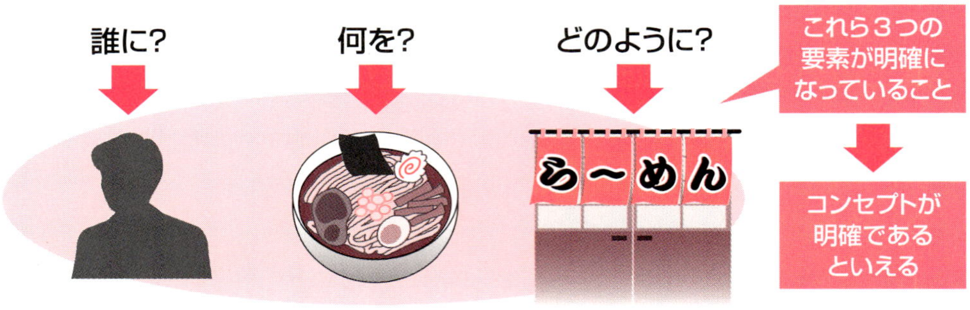
誰に?
何を?
どのように?
ら〜めん
これら３つの要素が明確になっていること
コンセプトが明確であるといえる

誰に？　という観点では、第２章で出てきた片山さんを思い出してみましょう。

片山さんは、夢楽のラーメンが昔ながらの東京醤油ラーメンを提供しているというこだわりを感じ、お店までの距離が遠いのにわざわざ訪れてくれるのです（図２）。

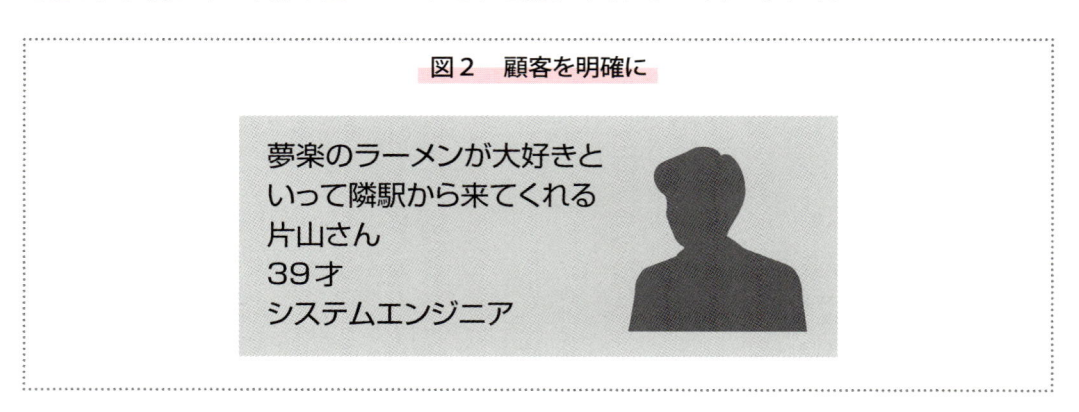

図２　顧客を明確に

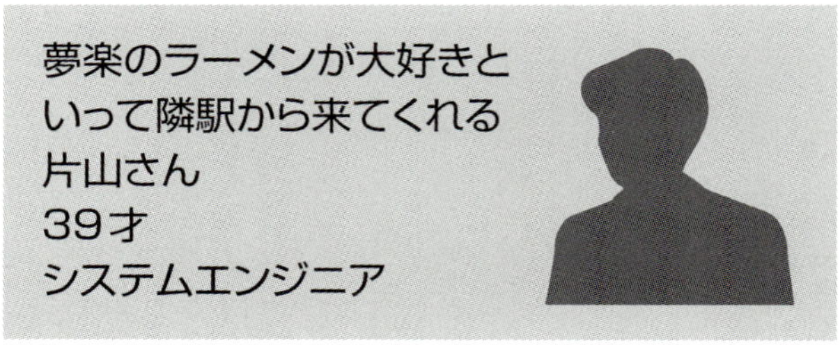
夢楽のラーメンが大好きといって隣駅から来てくれる
片山さん
39才
システムエンジニア

何を？　という観点では、昔ながらの東京醤油ラーメンということになるでしょう。

どのように？　という観点では、こだわりを持った東京醤油ラーメンを提供しているということをお客さまにわかってもらう必要があるでしょう。熱烈なファンである片山さんは感じ取ってくれていても、一般のお客さまには伝わっていないのかもしれません。

どうやって新商品を開発する？

確かに、“こだわり”の影響は大きそうだな。でも、“サイドメニューの多さ”の影響も大きそうだが。どうやって新商品を考えればいいんだ？

新商品を開発する時に参考になるのがオズボーンのチェックリストよ（表1）

表１　オズボーンのチェックリスト

視点	内容	例
1. 転用	新しい使い道は? 他分野へ適用はないか?	廃校舎を生涯学習施設に
2. 応用	似たものはないか? 何かの真似はできないか?	生体認証を図書館貸出券に
3. 変更	意味、色、働き、音、匂い、 型を変えられないか?	無臭の線香や香水
4. 拡大	より大きく、強く、高く、長く、厚くできないか? 時間や頻度など変えられないか?	メガマック、ジャンボポッキー、 **ジャンボラーメン**
5. 縮小	より小さく、軽く、弱く、短くできないか? 省略や分割、減少できないか?	スマートフォン **半ラーメン**
6. 代用	人を、物を、材料を、素材を、製法を、動力を、 場所を代用できないか?	プライベートブランド **別のトッピング**
7. 再利用	要素を、型を、配置を、順序を、因果を、ペース を変えたりできないか?	駅なか
8. 逆転	反転、前後転、左右転、上下転、順番転、役割な ど転換してみたらどうか?	メンズエステ、赤福、**つけ麺**
9. 結合	合体したら?　ブレンドしてみたら? ユニットや目的を組み合わせたら?	ブランド携帯 **麻婆ラーメン**

この表をどうやって使うんだ？

新商品を開発するには新しいアイデアが必要と考えがちだけど、そうではなくて、既存の商品について、このチェックリストの視点で考えればいいってことよ

全く世の中に無い新商品を考えるのは大変です。そこで、新商品を考えるには統子さんの言うように、既存の商品のちょっとした改造で生み出すのです。

例えば、“4.拡大”の場合、通常のポッキーを大きくしたジャンボポッキーがありました。“7.再利用”の場合、今まで使っていなかった駅の中スペースを利用して、JRなどは駅なかのショッピングモールを充実させています。“8.逆転”の場合、あんころもちの外と中をいれかえると赤福になったりします。こういったちょっとした発想で、新商品は開発できるものです。

なるほど、“8. 逆転” というやつだと、最近流行りのつけ麺は逆転だな。普通はスープに入れている麺を入れずに、つけて食べるわけだからな。うちでもつけ麺を始めてみるか！

ちょっと待って。確かにアンケートでの、サイドメニューの多さの影響は大きいわ。でも、安易にメニューを増やすと、肝心のこだわりがぼやけてしまうかもしれないわよ

そうか、昔ながらのこだわりの東京醤油ラーメン屋だと言っているのに、つけ麺とかあると違和感があるよなあ。それじゃあ、“6. 代用” で、チャーシューの代わりに、別のトッピングを勧めるのはどうだろう

そうね、オススメのトッピングについては、もう一度考えなおしてみましょうか（第4章参照）。それより先に、うちは東京醤油ラーメンのこだわりの店でずっとやってきたことをしっかり伝えたいわね

そうだな、でも、どうやったら、東京醤油ラーメンのこだわりがより伝わるんだ

片山さんみたいな人がより喜んでくれることをどんどんやっていけばいいと思うの

コンセプトを伝える接客力

コンセプトは、紙に書いておいておけば、伝わるものではありません。商品自体、お店の外装、内装、販売促進や、接客を含めたサービス全体で徹底していく必要があります（表2）。

表2　コンセプトを形作る観点

観点	要素	対策
商品	メニューや味、量	• 品数の多いメニューではなく、こだわりの一品に注力
お店	店頭、店内、テーブル	• 昔ながらのラーメン屋であることを訴求するために店舗の照明をレトロなものに
販売促進	看板、チラシ	• 店舗のイメージが伝わる看板・チラシ
サービス	接客、みだしなみ	• 老舗店らしいユニフォーム • 丁寧すぎず元気な接客

接客力は関係ないって分析結果に出てたじゃないか

そうね、丁寧な接客をしていても、お客さまが入ってないお店は多かったわね

統子はよく、おれに、もっと丁寧にお客さんに接することができないの！　とか怒るくせに

丁寧なことは大事だと思うの。でも、お店のこだわりの評価が高かったじゃない？

こだわりと接客になんの関係があるんだ？

高級なフランス料理店であればとっても丁寧な接客が当然だと思うの。でも最近じゃ、コンビニでも店員が丁寧におじぎするじゃない。あれって逆効果だと思うのね

どうしてだ？？？

コンビニはすぐに買えるなどの利便性が重要なのよ。なのに、お客さまが並んで渋滞している時に、丁寧なゆっくりしたおじぎをされると、かえって時間がかかるだけじゃない。お店にはお店にあった接客があると思うの

確かにラーメン屋さんで、フランス料理店のような接客をされても戸惑うばかりですね。安い、早い店なら接客も変わってくるはずです。夢楽ではどんな接客をすればいいのでしょうか?

やはり夢楽は東京ラーメンのお店としての伝統があります。東京の江戸っ子ラーメンとして、元気で活気のあるお店にしたいですね。

そうすることで、お店のこだわりもお客さまに伝わりやすいのではないでしょうか。

お父さんも、いつも満面の笑みでいてとは言わないけど、お客さまが来られた時や、帰えられる時は、元気よくいこうよ!

そうだな、最近売上が下がっていたからか、お店全体の活気がなくなっていたのかもしれんなあ

アルバイトの子も含めて、もう一回、お店を開ける前に声を出す練習をしたり元気づけてやっていこうよ

こうして、数字以外の面でも、夢楽は着実に改善を図っていくのでした。

第1部

第4章

商品を考える!

本章では、近隣地区のラーメンのポジショニングマップを作成するため、主成分分析を学習します。各店のラーメンを2つの軸（主成分）で図示して、ラーメンの特徴を把握します。

また、ラーメンのトッピングの好みの相関関係、それを単価アップに結び付けるために行動経済学の視点を考えてみます。

最後に、原価計算や損益分岐点分析を確認し、今後の店舗経営を考えていきます。

1 うちのラーメンの特徴は？
主成分分析

主成分分析とは、対象の特徴を表す変数を作り出す分析です。たくさんの説明変数から、対象の特徴をよく説明するような少数の変数を合成します。この合成された変数を主成分といいます。この主成分を軸にとって対象を図示すると、対象の特徴が視覚的にわかりやすくなります。商品を対象とした図は、商品ポジショニングマップなどと呼ばれることもあります。

ラーメンを評価するポイント

第３章では、夢楽というお店全体を見直してみました。売上の予測をしたり、売上に効くポイントを探したりしました。そんな中、統子は気になっていることがありました。第３章の重回帰分析の結果によると、美味しさは売上にはあまり影響を与えていませんでした。しかし、夢楽はラーメン屋ですから、お客さまは、みんなラーメン目当てであることは間違いないでしょう。夢楽のラーメンは評価されているのでしょうか。どんなラーメンを目指していけばいいのでしょうか。

お客さまはラーメン自体については何を評価しているのかしら？

そう思っているところへ、文吉が新聞を手に入ってきました。

なんで、うちが味一に負けてんだよ！　どんな調査したんだ？

お父さん、どうしたの？　何か書いてあったの？

地域のコミュニティ新聞にラーメン店調査結果が載っていたんだが…

へえー、どんな結果だったの？

きっと味のわからん記者が食べて調査したに違いない

統子はコミュニティ新聞を受け取って、見てみると当市のラーメン店10店舗が評価されている一覧が載っていました。確かに「夢楽」は「味一」に合計点では負けています。しかし、統子はデータを見ながら、この表から、他店と差別化できるためのラーメンのポイントを見つけ出せるのではと思いました（表１）。

表１　地域コミュニティ誌でのラーメン店の評価

店名	ジャンル	麺	スープ	具	合計
夢楽	東京醤油ラーメン	4	4	3	11
味一	こってりとんこつラーメン	4	5	3	12
A店	醤油ラーメン	5	4	3	12
B店	醤油ラーメン	5	2	4	11
C店	とんこつラーメン	4	5	5	14
D店	とんこつラーメン	3	3	3	9
E店	とんこつラーメン	1	1	3	5
F店	味噌ラーメン	1	1	1	3
G店	味噌ラーメン	2	3	2	7
H店	味噌ラーメン	5	4	4	13
	平均（AVERAGE）	3.4	3.2	3.1	9.7
	標準偏差（STDEV.S）	1.58	1.48	1.10	

主成分分析をやってみる

今度は主成分分析をしてみるわ！

うちのスープの主成分は鶏ガラと醤油だぞ

スープの主成分の話じゃないの。各店のラーメンの特徴を把握するのよ！

主成分分析とは、対象の特徴を表す変数（主成分といいます）を作り出す分析です。多くの説明変数を、少ない主成分にまとめる手法です。主成分の軸で対象を表現するポジショニングマップの作成にもつながります。

コミュニティ新聞の記事では、ラーメンを麺とスープと具の３つで評価しています。しかしこれら３つをグラフで表現すると、３軸の立体的なグラフとなって理解しにくくなります。もし今後どんどん評価項目が増えていった場合、さらに軸も増えて理解しにくくなります。そこで、特徴を端的にあらわす主成分に集約して、ラーメン店の味の特徴を把握するために、主成分分析を用いることにしました。

主成分分析の理論を詳しく説明するには高度な数式が必要になりますので、ここでは簡単な概念図を用いて説明します。図１を見てください。麺、スープ、具の３つの立体的な軸で各店のデータをプロットしています。その空間に第１主成分と第２主成分という新しい軸が描かれているイメージです。

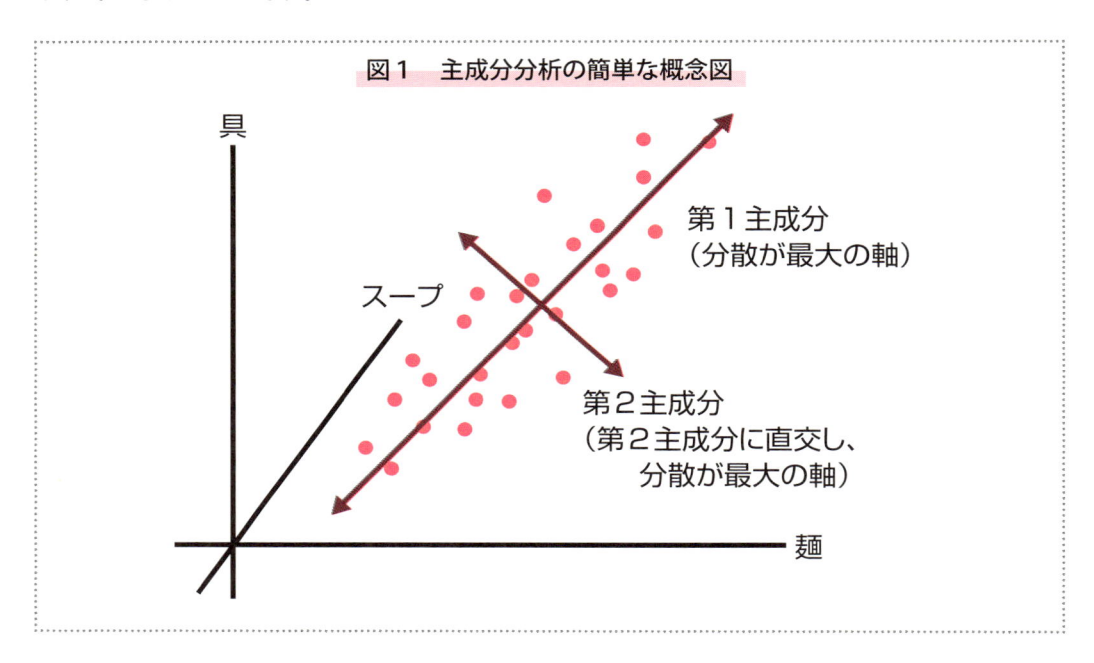

図１　主成分分析の簡単な概念図

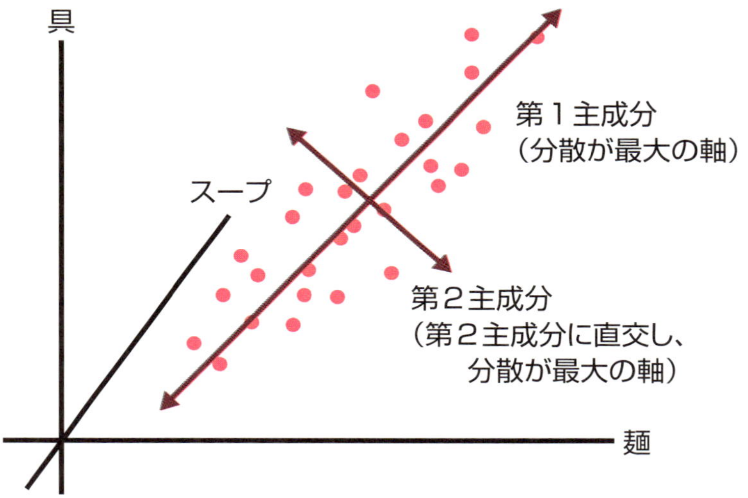

第１主成分は、データの散らばりが最大になるように軸をとったものです。第２主成分は、第１主成分に直交して散らばりが最大になる軸をとっています。各店のデータはもともと、麺、スープ、具の３軸であらわされていましたが、各店の差をはっきりと表現する（各店のデータのばらつきが最大になるように表現しているという意味です）新しい２つの主成分の軸で表現できるようになります。これが今回の主成分分析の考え方です。

それでは早速、次の順番で分析を進めてみたいと思います（図２）。

図２　分析の順番

①データの基準化
↓
②主成分負荷量から２つの主成分を決定
↓
③各店舗の主成分得点を算出
↓
④ポジショニングマップの作成

①データの基準化

データの基準化というのは、標準正規分布に従うようにデータを変換することです。標準正規分布については1-2節で説明をしましたが、平均が０、標準偏差が１になる正規分布です。このようにデータの値を変換すると、平均とばらつきが統一されますので、データの計算が容易になります。基準化されたデータは以下のようになります（表２）。

表２　地域コミュニティ誌でのラーメン店の評価を基準化したデータ

店名	ジャンル	麺	スープ	具
夢楽	東京醤油ラーメン	0.38	0.54	−0.09
味一	こってりとんこつラーメン	0.38	1.22	−0.09
A店	醤油ラーメン	1.01	0.54	−0.09
B店	醤油ラーメン	1.01	−0.81	0.82
C店	とんこつラーメン	0.38	1.22	1.73
D店	とんこつラーメン	−0.25	−0.14	−0.09
E店	とんこつラーメン	−1.52	−1.49	−0.09
F店	味噌ラーメン	−1.52	−1.49	−1.91
G店	味噌ラーメン	−0.89	−0.14	−1.00
H店	味噌ラーメン	1.01	0.54	0.82
	平均（AVERAGE）	0.00	0.00	0.00
	標準偏差（STDEV.S）	1.00	1.00	1.00

Excel操作はココをチェック！
データの基準化についてのExcelの操作は第2部P.211を参照

②主成分負荷量から２つの主成分を決定する

いよいよ主成分分析を実施します。しかし、計算式をExcelで作るのは大変複雑なので、本書ではアドインソフトを利用しています。Excelの主成分分析を行うアドインソフトは、無償から有償の製品まで多数ありますが、操作手順や処理内容などは、どのソフトもほとんど同じです。また、多くのアドインソフトには、大変便利なことに、①のデータの基準化の処理も組み込まれています。

まず、分析結果から主成分負荷量を確認します。主成分負荷量とは、簡単に言うと、もともとの変数と主成分の間の関係を示すものです。今回は、麺、スープ、具をまとめた２つの主成分で各店のポジショニングマップを作ろうとしていますので、麺、スープ、具の旨さとこれら２つの主成分の関係の強さを検討します。次の節で説明する相関係数と同じく、１または－１に近いほど関係が強いということになります。この主成分負荷量を確認することによって、主成分の意味（特徴をよくあらわす評価軸）を考えることができます。

まず第１主成分を見てみると、麺、スープ、具の旨さ、全てプラスで0.84以上であり、どれも関係が強いということを示しています。そこで、この第１主成分を「総合的な旨さ」と名付けることにします。次に、第２主成分については、スープだけがプラスで、麺はほとんどゼロ、具は逆にマイナスです。これはスープの旨さを表現して、麺の旨さはあまり関係なく、具の旨さは逆に少し邪魔になっているような意味だと判断できます。よって、スープに特化した意味合いを考慮して、第２主成分を「スープのインパクト」と言うことにします（表３）。

表３　主成分負荷量

	第1主成分：総合的な旨さ	第2主成分：スープのインパクト
麺	0.90987	−0.00099
スープ	0.84667	0.48351
具	0.84701	−0.48225

Excel操作はココをチェック!

主成分負荷量についてのExcelの操作は第2部P.210を参照

③各店舗の主成分得点を求める

そして、各店のラーメンを表現する２つの主成分の点数を確認します（表４）。主成分得点とは、主成分の軸からみた各データの値を意味しています。

表４　２つの主成分の点数

店名	ジャンル	第１主成分（総合的な旨さ）	第2主成分（スープのインパクト）
夢楽	東京醤油ラーメン	0.510	0.472
味一	こってりとんこつラーメン	0.912	0.977
A店	醤油ラーメン	0.914	0.471
B店	醤油ラーメン	0.650	−1.217
C店	とんこつラーメン	1.991	−0.375
D店	とんこつラーメン	−0.296	−0.033
E店	とんこつラーメン	−1.909	−1.043
F店	味噌ラーメン	−2.987	0.310
G店	味噌ラーメン	−1.240	0.644
H店	味噌ラーメン	1.454	−0.206

ポジショニングマップを分析する

④ポジショニングマップを作成する

主成分を２軸にして、主成分得点をグラフ化します（図３）。

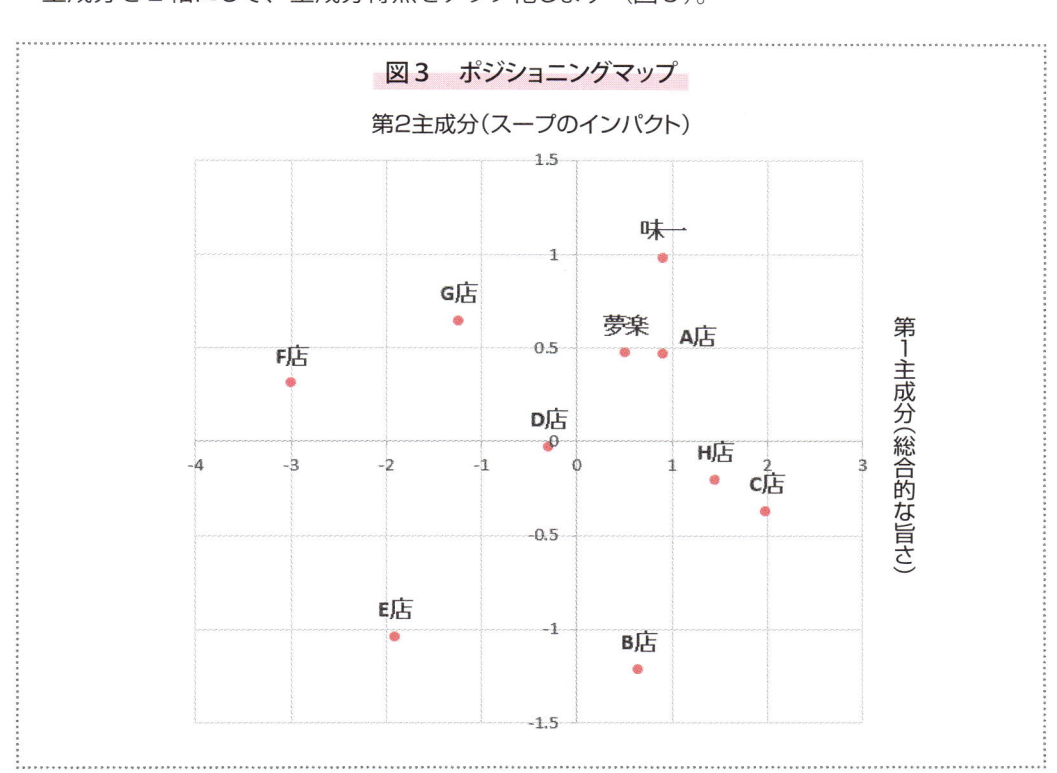

図３　ポジショニングマップ

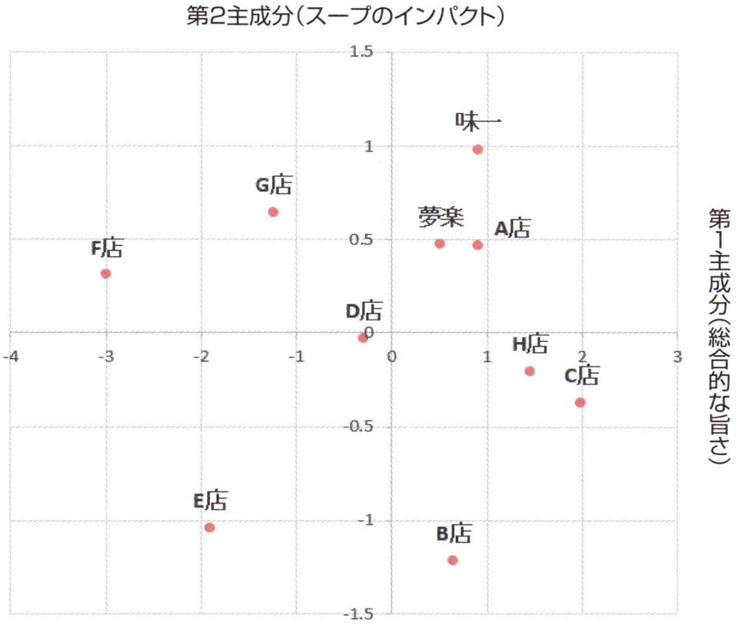

Excel操作はココをチェック!
ポジショニングマップの作り方は第2部P.216を参照

主成分分析で、“総合的な旨さ”と“スープのインパクト”のグラフができたわよ！

うーん、どっちも味一に負けているのか……

総合的な旨さでは確かに負けているけど、スープのインパクトは必ずしもスープが旨いということではなくて、麺や具に比べてスープの旨さが際立っているということよ。ラーメンの個性をあらわすものね。確かに、味一と夢楽、それにA店はポジショニングマップでは近くに分類されているから、特徴は似ていることを示しているわ

すると、他の店と差をつけるには、スープのインパクトで勝負のするのか、総合力で勝負するのか、どっちでいくかと言うことか…

そうよ。お父さんはどうしたいの？

やっぱり、ラーメン全体の総合力で勝負したいなあ

それじゃ、麺も、スープも、具も、全部改良していかなきゃね（笑）

2 ラーメンの単価を高めるには？
相関係数

相関係数は、２つの変数間の関係の強さを表す指標です。変数が多くある場合に、２つずつの組合せの相関係数を１枚縦横の表形式にまとめたものが相関行列です。どの変数同士の関係深いのかが１つの表で確認することができます。

トッピングを見直す

夢楽のラーメンに求められているのは、スープのインパクトと総合的な美味しさということがわかってきました。統子は夢楽のメニューを眺めながら考えました。（図１）。

図１　夢楽のメニュー

トッピング

半熟卵	100
チャーシュー	200
ねぎ	50
辛ねぎ	50
もやし	50
メンマ	50
にんにく	50
コーン	50
わかめ	50
のり	50

夢楽ラーメン	５００円
醤油ラーメン	５００円
餃子	２２０円
餃子セット	６８０円
チャーハンセット	７００円
唐揚げセット	７５０円

総合的な美味しさって言われても、どこから変えていけばいいのか迷うわね

そりゃさあ、今まで散々スープや麺を工夫してきたんだからまずトッピングだよな

トッピングか……そうね、記事でも、麺とスープは4点、具は3点だったしね

トッピングも色々考えているんだけどさ、ま、個人の好みというか、大体2つくらいトッピング頼む人が多いだろ。でも、お客さんが選んだ後に、ああ、このトッピングの組み合わせはいまいちだろうなあと思う時があるんだよな

そっかあ！　じゃあ、人気のあるトッピングの組み合わせを他のお客さまに教えてあげたらいいんじゃない？

なるほど、で、どうやって調べる？

そこで、統子は、お客さまから好きなトッピングの５段階評価をつけてもらうことにしました（表１）。そうすることで、「チャーシュー」が好きな人のうち「のり」が好きな人が多ければ、「チャーシュー」と「のり」の組み合わせが人気あるということがわかります。

表1　好きなトッピング

	トッピング									
	半熟卵	チャーシュー	ねぎ	辛ねぎ	もやし	メンマ	にんにく	コーン	わかめ	のり
1	5	2	4	5	2	3	2	2	3	4
2	4	3	4	3	5	2	1	3	5	3
3	4	5	4	3	3	3	3	3	2	5
4	3	4	1	3	3	2	1	4	4	4
5	3	4	4	3	2	3	4	3	3	4
6	5	4	4	5	3	3	4	2	3	4
7	4	4	4	2	5	2	5	3	4	4
8	3	5	2	2	3	3	3	3	2	5
9	1	5	4	3	4	4	2	2	3	5
10	2	4	2	4	5	3	5	3	4	2
11	3	5	4	4	3	5	4	2	2	5
12	5	3	3	5	4	3	3	2	5	3
13	4	4	4	4	5	3	5	3	4	2
14	3	5	3	3	2	3	1	3	3	5
15	2	2	4	2	5	1	5	3	4	3
16	5	3	3	5	3	3	3	1	3	2
17	2	4	2	2	2	2	1	3	2	3
18	3	5	4	3	4	3	3	3	3	5
19	5	4	1	5	4	2	1	3	3	4
20	2	5	2	2	5	2	5	3	5	4
平均	3.40	4.00	3.15	3.40	3.60	2.75	3.05	2.70	3.35	3.80
標準偏差	1.20	0.95	1.06	1.11	1.11	0.83	1.50	0.64	0.96	1.03

一つ一つの平均でいくと、チャーシューとのりの人気が高いな

にんにくのように標準偏差の値が大きいものもあるわね！

お、俺も統計学がわかってきたぞ！　ようは、にんにくは好き嫌いが人によってちがうってことだろ？

そうよ！　やるじゃないお父さん！

それで、トッピングの組み合わせはどうやって分析するんだい？

組み合わせは、半熟卵を好きな人とチャーシューを好きな人の相関係数を順に求めていきます。相関係数は、２つの項目の関係がどれだけ強いかを示してくれる係数です。この係数は－１から１の値を取ります。１に近いほど、関係が強いということになります（図２）。

もし、トッピングのうち、にんにくとチャーシューの相関係数が１だったら、にんにくが好きな人はチャーシューが必ず好きであるということです。逆に、にんにくとチャーシューの相関関係が－１だったら、にんにくが好きな人は、全員チャーシューが嫌いということになります。

ちなみに相関係数が０の場合は２つの項目は関係がないというわけです。にんにくが好きかどうかは、チャーシューが好きかどうかと関係がないということです。

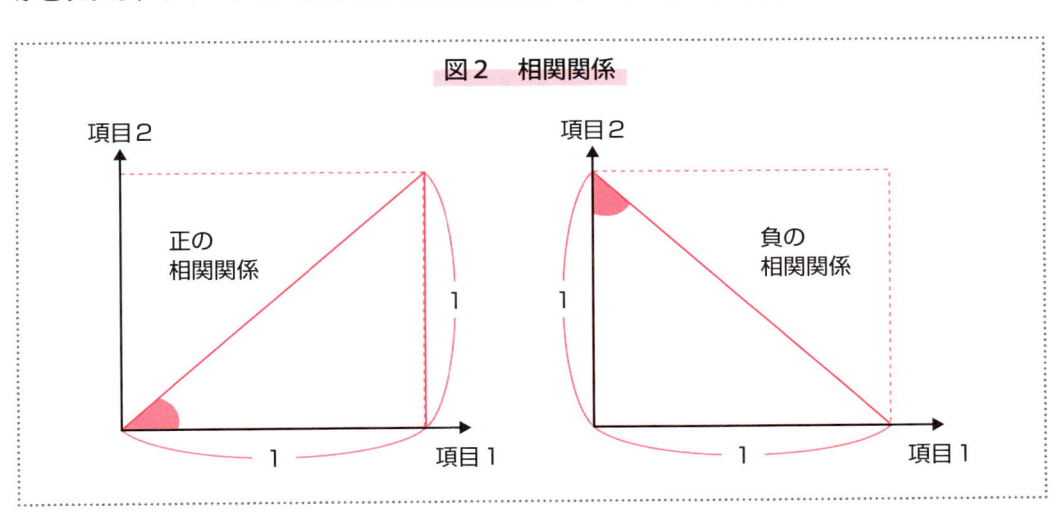

図２　相関関係

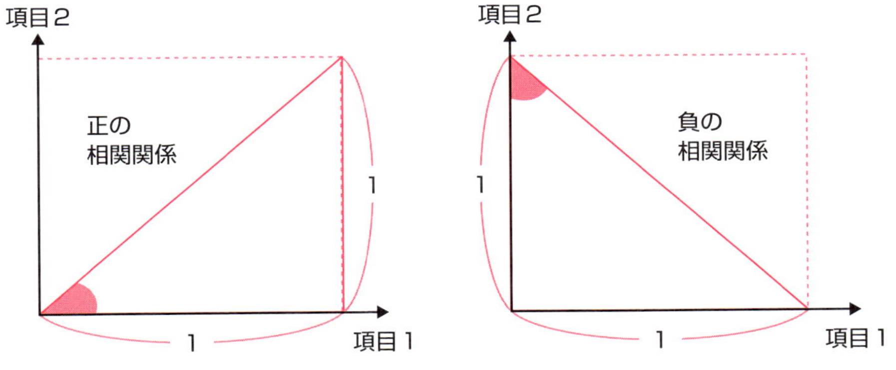

夢楽ではトッピングの種類が豊富ですから、以下の表のように、トッピング同士の相関をまとめました（表２）。こういった相関係数を整理した表を**相関行列**といいます。

当然ですが、同じ種類のトッピング同士、例えば半熟卵と半熟卵の相関は1.0です。

表２　トッピングの相関行列

	トッピング									
トッピング	半熟卵	チャーシュー	ねぎ	辛ねぎ	もやし	メンマ	にんにく	コーン	わかめ	のり
半熟卵	1.00	−0.40	0.11	0.70	−0.14	0.00	−0.12	−0.36	0.05	−0.18
チャーシュー	−0.40	1.00	−0.15	−0.33	−0.09	0.44	0.00	0.25	−0.38	0.61
ねぎ	0.11	−0.15	1.00	0.03	0.05	0.33	0.34	−0.38	−0.05	0.12
辛ねぎ	0.70	−0.33	0.03	1.00	−0.15	0.38	−0.10	−0.60	0.01	−0.28
もやし	−0.14	−0.09	0.05	−0.15	1.00	−0.32	0.49	0.18	0.69	−0.38
メンマ	0.00	0.44	0.33	0.38	−0.32	1.00	0.05	−0.52	−0.45	0.35
にんにく	−0.12	0.00	0.34	−0.10	0.49	0.05	1.00	−0.09	0.23	−0.25
コーン	−0.36	0.25	−0.38	−0.60	0.18	−0.52	−0.09	1.00	0.17	0.14
わかめ	0.05	−0.38	−0.05	0.01	0.69	−0.45	0.23	0.17	1.00	−0.48
のり	−0.18	0.61	0.12	−0.28	−0.38	0.35	−0.25	0.14	−0.48	1.00

Excel操作はココをチェック！
相関行列の作り方は、第2部P.220を参照

この表の数字は何を意味しているんだい？

これは相関係数と言って、数値が大きいほど相関関係が高いということよ

相関係数の数値には目安があります。例えば、メンマとチャーシューの相関係数は0.44ということで、中程度の相関はあるけど、強い相関ではないようです。メンマ好きな人はチャーシューもある程度好きですが、それほど強い関係はなさそうです（表３）。

表３　相関の強さの目安

相関係数（絶対値）	相関の強さ（目安）	20サンプルでの相関係数の信頼性 （信頼性95%以上で判断）
0.7以上	強い相関	ある
0.4以上0.7未満	中程度の相関	ある（0.44以上の場合）
0.2以上0.4未満	弱い相関	ない
0.2未満	ほぼ相関なし	ない

なお、相関係数の信頼性（確かな可能性）はサンプルの数によります。サンプル数が少ないと、偶然に相関関係が出る場合もあるので、サンプル数が多いほど信頼性が増えます。今回の調査の20サンプルの場合には、0.44以上の時に95%以上の可能性で確からしいと計算されています。一般的に、データが20サンプル程度ないと、95%以上の信頼性（有意水準0.05と言います）で、中程度以上の相関の強さ（相関係数0.44以上）を示すことができないので、サンプル数の確保にも気を付けたいですね。相関係数が高いTOP 5を表４として抽出してみました。

表４　トッピングの相関の強さランキング

相関の強さ	組み合わせ	相関係数
0.7以上の強い相関	半熟卵と辛ネギ	0.70
0.4 以上0.7未満の中程度の相関	もやしとわかめ	0.69
	チャーシューとのり	0.61
	にんにくともやし	0.49
	メンマとチャーシュー	0.44

これを見てお父さんはどう思う？

思ったとおりだね。ウチのあっさりとしたラーメンには半熟卵と辛ネギが一番しっくりくるんだ。2番目のもやしとわかめも、飲みに行った後にあっさりしたラーメンでしめたい人にピッタリだな。うちの客はラーメンの味がよくわかってるな

店内のPOPを作る

そのことを今までお客さんに伝えてきた？

いや、そんな必要なかったしな

よく見たらうちの壁に貼ってるメニューとかって色あせているし、POPも１枚もないわ

POP！　そんなのはスーパーとかがやる軟弱なもんだろ。男は黙って味で勝負だろ

その結果、売上は伸びたのかしら…

いや、そのそうだな。で、どうすればいいんだ！

文吉もだいぶ素直になってきたようです。

せっかく、相関行列で人気のあるトッピングの組み合わせがわかったんだから他のお客さんにもおすすめしようよ！

POPは見た目のデザインやわかりやすさも重要です（図３）。しかし最も重要なのは伝えたい内容です。「いつ」＋「どこで」＋「誰に」＋「何を」＋「どのように」伝えるか？　お客さまがその商品を自分が利用しているシーンを思い浮かべることができたら成功です。

「いつ」	飲み会の後
「どこで」	夢楽で
「誰に」	飲み会後のお客さまに
「何を」	さっぱり「わかめ」と「もやし」のラーメン
「どのように」	しめに

図３　POPのイメージ

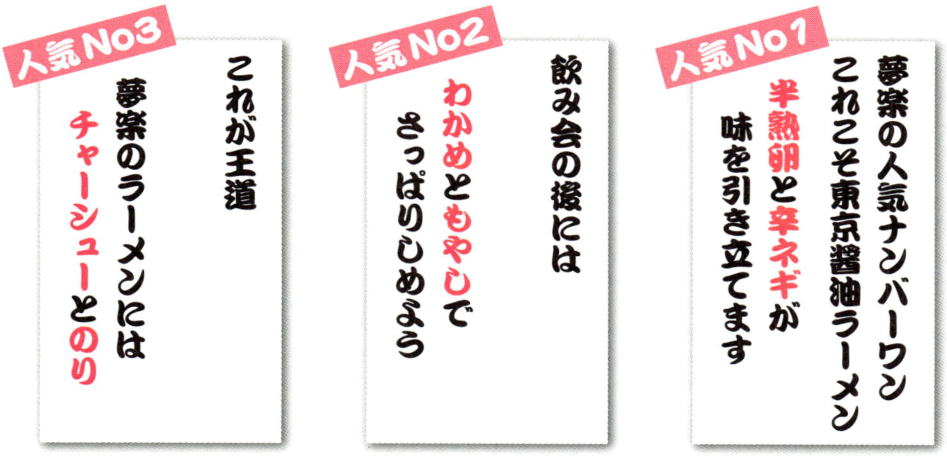
人気No3
これが王道
夢楽のラーメンには
チャーシューとのり
人気No2
飲み会の後には
わかめともやしで
さっぱりしめよう
人気No1
夢楽の人気ナンバーワン
これこそ東京醤油ラーメン
半熟卵と辛ネギが
味を引き立てます

お店の印象やサービスの品質・効率などを考える際には、POPの中身以外に５Sも意識する必要があります（図４）。５Sとは５つのS、つまり、整理、整頓、清潔、清掃、躾の頭文字をとったものです。POPの中身を考えたり、新しいのを貼ったりするのは良いのですが、ついつい古いPOPが残っていたりします。また長い間貼りっぱなしになったPOPは汚れなども目立ち、かえって逆効果になることもあります。

図４　POPの５S

- **整理**
  いらないものを捨てる
  ➡ 古いPOPが貼りっぱなしになっていないか？
- **整頓**
  決められた場所にきちんと置いておく
  ➡ 必要なPOPは目立つポイントに掲示
- **清掃**
  常に掃除をして、職場を清潔に保つ
  ➡ POPの汚れを掃除

（整理・整頓・清掃）─ 3S

- **清潔**
  ３Sを維持
  ➡ POPだけではなく、お店全体で３Sを維持する
- **躾**
  決められた手順を正しく守る習慣をつける
  ➡ 決まった期間が経過したら貼り替えるなどの習慣付けをする

メニューも見直してみる？　行動経済学

POPを考えた統子は、次はメニューの改革に取り組みます。競合の味一と比べてどうしてもメニューの数が少なくてメニューが代わり映えしません。でも店舗コンセプトを壊さないように、たくさんサイドメニューを作ったり、醤油以外のラーメンを出すのはやめようと文吉に伝えたのも統子です。

うちはやっぱり、夢楽ラーメンなんだよなあ…

と呟きながら、醤油系のラーメンを２つから３つにしてみようと考えました。

お父さん！　この前、新商品開発してた『焦がし醤油ラーメン』のできはどう？

なかなかいい感じだぞ！　でも統子がメニュー増やすなというからまだ出してないぞ

うちは東京醤油ラーメンが売りよね！　だから『焦がし醤油ラーメン』は出してもいいかなあと思ってきたの

また急にどうしたんだよ

最近、行動経済学も勉強したら、松竹梅理論ってのがあってね！

統子は文吉に説明を続けました。日本人は中流意識が高いから、３つあると真ん中を選ぶといいます。例えば、３万円のカバンと４万円のカバンがあり、どちらのカバンを選びますか？と聞いたらほぼ、５：５の割合で同等だったとします。そこに、７万円のカバンを新しいシリーズで投入します。何人かが、７万円を選ぶとしても、残った人の３万円と４万円を選ぶ割合は同じく５：５になるはずです。しかし、上位モデルの登場で、真ん中の４万円を選択する人が圧倒的に増え、最安の下位モデルを選択する人が５分の一になり、３万円：４万円＝１：９となるというデータがあります。

これを、行動経済学では、「選択回避の法則」と言います。また、松竹梅理論とも言います。

っていうと、うちのメニューは少ないし選びにくいから、選びやすくするってことだな

そうよ、３つあるとどうしても真ん中を選びたくなるじゃない。この際、夢楽ラーメンも少し値上げしてでも選んでもらえるようにしたくって。メニューの案を作ってみたの。どうかしら（図５）？

真ん中を選んでいくと、夢楽ラーメン＋チャーハンセットに、トッピングを加えて、半熟卵＋辛ネギで900円だな

そこまでうまくいくかわからないけど、そうなればいいなって

でもなあ、チャーハンより餃子の方が儲かるかもしれないぞ

そうね、商品ごとの利益率のことはまだ考えていなかったわ。どの商品が一番儲かるのか考えてみましょうか

図5　メニューの案

醤油ラーメン　500円
濃口醤油を使っています

夢楽ラーメン　550円
たまり醤油を使った深みのある醤油ラーメンです

焦がし醤油ラーメン　600円
香ばしい醤油ラーメンです

餃子セット　＋180円
チャーハンセット　＋200円
唐揚げセット　＋250円
ラーメンにプラスの価格です

人気トッピング　ベスト3

もやし＋わかめ　100円
半熟卵＋辛ネギ　150円
チャーシュー＋のり　250円

餃子	220円
半熟卵	100円
チャーシュー	200円
ねぎ	50円
辛ねぎ	50円
もやし	50円
メンマ	50円
にんにく	50円
コーン	50円
わかめ	50円
のり	50円

3 お金のことも考える 原価計算

原価計算は、製品の原価を把握することですが、計算することそのものが目的ではなく、企業の業績を評価したり、儲かる商品に注力するような経営の意思決定に役立てることが目的になります。

原価計算の種類

そもそも今どうやって夢楽のメニュー価格を決めてるの？

うーん、どうだったかな。店を始めた時は色々計算したけど、それ以降はなんとなく材料が値上がりしたら、それにあわせてちょいちょい値段を上げたりしてるくらいだな

じゃあ、今はどのメニューが儲かるかはわからないってことね

むむ…まあ、そうなるな

夢楽では原価計算ができていなかったようです（図１）。本節では、一般的な原価計算の方法を確認していきます。

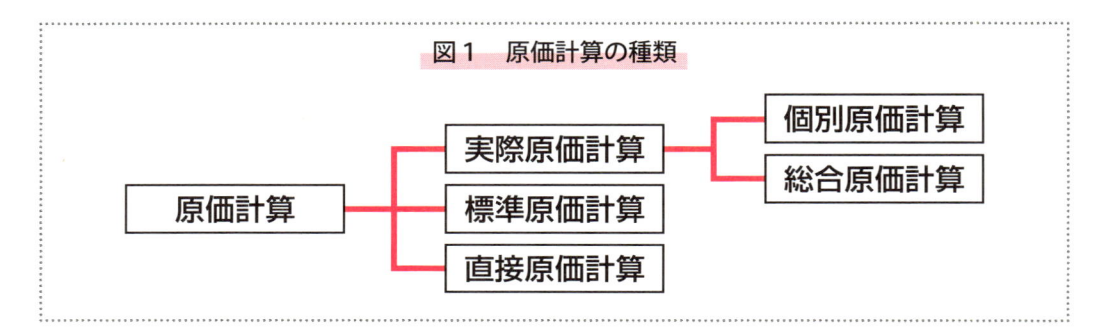

図１　原価計算の種類

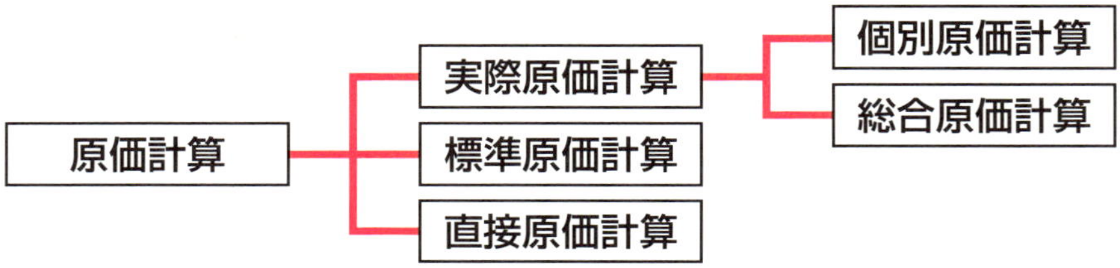

原価計算は、実際原価計算、標準原価計算、直接原価計算の３つに分類されます。実際原価計算、標準原価計算は、どこまで値下げできるのかといったコスト管理の目的が大きいですが、直接原価計算は売れ行きのいい製品はどれかといった利益管理目的が大きくなります。

実際原価計算は、製品の製造に実際にかかった原価を集計することで、製品の原価を求める方法です。実際にかかったコストを集計するため、材料の価格や作業能率、操業度等の変動に左右されてしまいます。

例えば、文吉の労務費は手早く済ませると安くて済みますが、ゆっくり準備していると高くかかってしまうわけです。また、船や飛行機など金額の大きなものは時間を掛けて作る場合には、製品個別に原価を計算する必要が出てきますので、「個別原価計算」が用いられます。一方で、同じ製品がたくさん作られる時は、「総合原価計算」が用いられます。

標準原価計算は、実際原価は他の要因により原価が影響を受けてしまうため、製品一単位（ラーメン１杯）の生産に必要なコストを、あらかじめ算定しておき、この単価に実際の生産量を掛けて原価を算出する方法です。標準原価計算を適用することにより、偶然的な価格や操業度の変動により営業成績が左右されることがなくなり、売上が上がった時点ですぐに粗利がわかるようになるメリットがあります。

直接原価計算は、原価を変動費と固定費に分けて、売上高から変動費を引いて限界利益を計算し、さらに貢献利益から固定費を引いて営業利益を計算する方法です。損益分岐点などの利益管理のために用いられます。

夢楽の原価を考える

色んな計算方法があるんだな。で、うちはどうすればいいんだ？

うちは飲食店なので、製造業みたいに厳格にやっていく必要はないと思うの。働いている人も多くないので、まずは、きっちり材料費について、原価を管理していけばいいと思うの

具体的にはどうやるんだ？

まずは、ラーメンについて一杯作るのにいくらかかっているのか、実際の原価を把握してみようよ

そこで、文吉たちは、最近の仕入れのレシートを改めて確認して、ラーメン一杯にかかる原価を計算してみました。材料の仕入れの価格をラーメン１杯あたりで使う量に換算して計算しました。また、トッピングやサイドメニューについても算出してみました（表1、2）。

表１　夢楽ラーメンの原価

			仕入		内容量		使用量		1杯あたりの原価	
ラーメン 500円	麺		2,500	円	7,500	g	150	g		50円
	スープ									60円
		かつお節	1,500	円	500	g	5	g	15円	
		鶏ガラ	2,000	円	5	kg	0.07	kg	28円	
		醤油	1,980	円	1.8	L	0.01	L	11円	
		ミリン	980	円	1.8	L	0.01	L	6円	
	なると		130	円	130	g	3	g		3円
	ねぎ		2,000	円	20	本	0.04	本		4円
	ノリ		300	円	96	枚	1	枚		3円
	メンマ		800	円	2	kg	0.025	kg		10円
	チャーシュー		2,000		1,500	g	30	g		40円
	合計									170円
	原価率									34.0%

表２　トッピングなどの原価表

	メニュー	売価	原価	原価率
トッピング	半熟卵	100円	20円	20%
	チャーシュー	200円	70円	35%
	ねぎ	50円	12円	24%
	辛ねぎ	50円	15円	30%
	もやし	50円	8円	16%
	メンマ	50円	20円	40%
	にんにく	50円	15円	30%
	コーン	50円	8円	16%
	わかめ	50円	10円	20%
	のり	50円	16円	32%
サイドメニュー（セットの価格）	餃子	180円	40円	22%
	チャーハン	200円	60円	30%
	唐揚げ	250円	60円	24%

製造業などでは、標準原価は、材料費や、労務費、経費において設定されます。材料費についても歩留まり（ムダの計算）を考慮して設定していきますが、夢楽の場合は、まず今かかっているコストを把握するところから始めていくのがいいでしょう。計算した原価を標準原価と設定し、今後、仕入れが変動したりして実際の原価が変わった場合に比較していきます。そして仕入先との交渉材料や売価を変更するなどの検討材料に使っていきます。また、どの商品が利益率が高いのか把握しておくことで、お客さまにおすすめする内容が変わったり、キャンペーンの際にどれを値下げするかなどの意思決定材料にもなります。

トッピングは、もやしとコーンのコストが安いわね

サイドメニューは、餃子 ＜ 唐揚げ ＜ チャーハン　の順に安いな。じゃあ、なるべく原価の安いものをお客さんにすすめた方がいいのか？

利益だけ考えるとそうだよね。でも、やっぱりお客さまに人気のあるなしも考えないと、うちの都合だけになっちゃうわよ

そうだなあ。じゃあ、どうすればいいんだ？

さっきの人気トッピングランキングとこの原価表をいつも手許において考えながら、仕入れを見直したり、オススメをしなおしたりして徐々に改善していきましょうよ！

利益を考える

原材料の細かいコストを把握できたので、次は月次の売上や全体のコストを確認していきます（表３）。材料費を集計すると、やはり30%前半の値でした。また人件費には、統子の他のアルバイトさんのほか、文吉の報酬も含めています。

表３　夢楽の１ヶ月の売上と利益

2013年10月		金額	比率
売上高		1,538,500	
材料費		515,500	33.5%
人件費		420,000	27.3%
経費	家賃	170,000	11.0%
	水道光熱（5%）	100,000	6.5%
	その他経費	100,000	6.5%
営業利益		233,000	15.1%

売上とかの財務諸表は、いつも税理士さんが作ってくれるから、あんまり気にしてなかったけど、これはどう評価したらいいんだ？

やっぱり営業利益の金額とか比率も気にしていきたいところだけど、まずはFL比率をチェックしてみようよ

FLって何だ？

FはFood：食べ物、LはLabour：労働ということ、つまり、FL比率は売上に占める材料費と人件費の割合ね

夢楽は33.5%+27.3%で……60.8%ってことか

FL比率の適正水準は55%～60%と言われるので、ちょっと高いわね

じゃあ、統子のアルバイト代を下げるか

ちょっと！　今でもたりないくらいなのに！　でもねえ、真剣にコスト削減は考えないといけないかも…

FL比率は60%が適正という話がありましたが、あくまでひとつの目処です。一般的に高級店は接客などのサービスが大事になるので、人件費比率が高い場合もありますし、そもそも食材の比率が高いところもあるでしょう。近年ヒットしているイタリアンレストランの中にはFの食材の原価率が40%のところもあります。単純にFL比率を下げれば、食材の質が落ちたり、さらにサービスが低下したりする恐れもあります。そこで継続的に値をチェックしながら、項目ごとに確認して抑制する努力が必要になってきます。

どれくらい売れたら黒字になるの？

大体の数字の目安はわかったけど、一体何人お客さんが来て、いくら売上があればいいんだ？

今度は直接原価計算と損益分岐点分析をやってみるね（表4）

直接原価計算では、かかったコストを、売上に応じて増減する変動費と、売上に関係なくかかる固定費に分けて考えます。夢楽では、材料費を変動費として、それ以外を固定費としました。

表４　直接原価計算

2013年10月		金額	比率
売上高		1,538,500	
変動費	材料費	515,500	33.5%
限界利益		1,023,000	66.5%
固定費（79万円）	人件費	420,000	27.3%
	家賃	170,000	11.0%
	水道光熱(5%)	100,000	6.5%
	その他経費	100,000	6.5%
利益		233,000	15.1%

計算した直接原価計算の表４をグラフ化してみます。まず固定費は、毎月79万円かかるため、グラフ化すると増減のない横線になります。一方、材料費は売上によって変わります。変動費の比率が33.5%です。つまり、売上が100万円であれば、変動費（材料費）は、33.5万円ということになります。変動費をグラフにすると売上が増えるに従って増加する直線になります。

2013年10月のデータをプロットしてみると、グラフ上で、

売上（1,538,500）－変動費（515,500）－固定費（790,000）＝利益（233,000）

となっています（図２）。

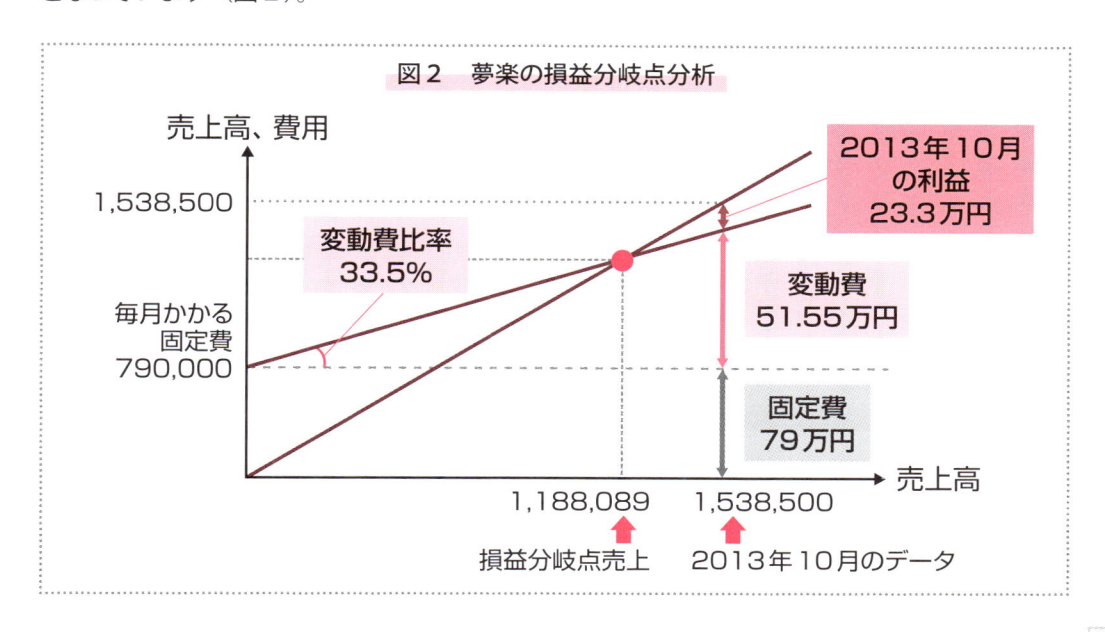

図２　夢楽の損益分岐点分析

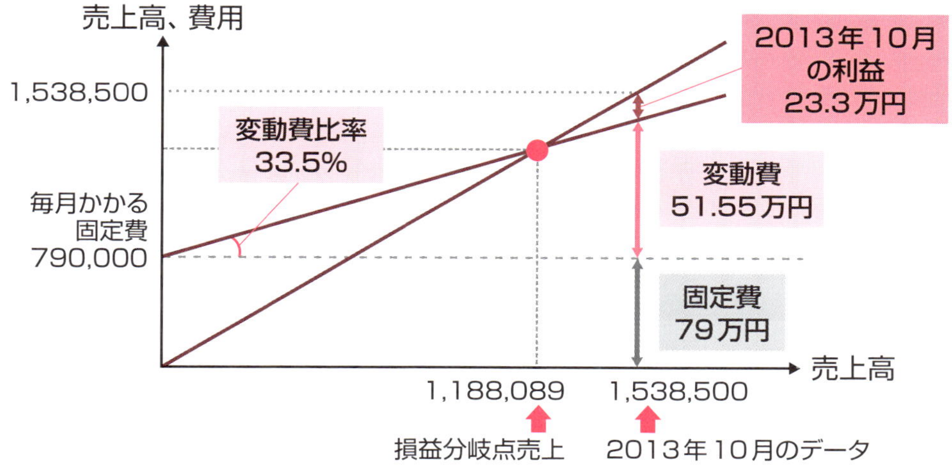

このグラフで何がわかるんだ？

毎月いくら売上があれば利益が出るのかがわかるのよ。利益がぴったり０円になる夢楽の売上をX円として計算してみるね

$$売上(X)-変動費\left(\frac{515{,}500}{1{,}538{,}500}X\right)-固定費(790{,}000)=利益(0円)$$

利益が０になる売上X＝1,188,089円

↑

損益分岐点売上

つまり、売上が1,188,089円、約120万円を切ったら、利益は出ないってことよ

文吉は、2010～2012年度の売上を見ながら、（第３章、P.68参照）呟きました。

120万円切ってる月もあるなあ

今回の計算では、銀行へ金利を払ったり、元金を返したりのことは考えてないから、本当はもっと苦しいはずよ

こんな数字わかって何になるんだ。落ち込むだけじゃないか

お父さん、苦しい時こそ、現実の数字を見て対策を考えないといけないのよ！　それにどんなに悪くても月に120万円以上売上を上げよう！　って目標もできるじゃない

よし、そうだな。でも120万円が目標だと利益がないってことだから、最低で月商150万円を目標にしよう！

商品の見直しも行い、どれくらい売れれば利益がでるのか目標もできました。後は目標に向けて、今まで考えたことを着実に実行していくだけですね。

第1部

第5章

お客さまとの関係を考える!

本章では、キャンペーンでの成果測定方法や、お客さまを待たせない方法について考えていきます。具体的には、カイ二乗検定や、待ち行列理論が登場します。

最後に、経営を継続的に改善していくための考え方とともに、第1章から第5章までのすべての対策を振り返っていきます。

1 キャンペーンをしてみる カイ二乗検定

カイ二乗検定とは、「観察された事象の相対的頻度がある頻度分布に従う」という帰無仮説を検定するものです。具体的には、今回のクーポンのように集めたデータに差があった場合、本当にそのデータに意味のある（有意な）差があるのかを検定できます。

クーポンに挑戦

トッピングを見直したり、メニューを見直したりと、いろんな取り組みにより、ついに夢楽の売上が伸びてきました。最近文吉の顔にも笑顔が見られるようになってきました。文吉はここぞと、ばかりに攻めに出たいと考えています。

こんど店頭でクーポン配ってみないか？

どんなクーポンを配るの？

トッピングを無料で付けられるようなクーポンを考えているんだ。半熟卵（100円分） 無料とか、のり+わかめ(100円分)無料とか

そうね、クーポンでその時のお客さまは増えると思うの。でもリピートしてくれないと意味ないしなあ

統計学で、そこらへんをちょちょいと分析してくれよ

そこで統子は、試験的に夢楽のクーポンを作って、配ってみることにしました（図１）。店頭で次の２種類のクーポンを100枚ずつ配ってみました。その後クーポンを持ってきた人が何人いたのか、そして、その人が再度来店したかを計測してみます。つまりどちらのクーポンの効果が高かったのを分析していきます。

図1　夢楽のクーポン券

では実際のデータ（実測数）を分析していきます（表１）。

表１　クーポンによるリピート率

実測値	クーポン利用	その後リピート	合計
もやし+わかめ無料クーポン	30	10	40
半熟卵無料クーポン	60	50	110
合計	90	60	

「もやし＋わかめ無料クーポン」のリピート率は、

$$\frac{10}{30}=\frac{1}{3}\fallingdotseq 33\%$$

「半熟卵無料クーポン」のリピート率は、

$$\frac{50}{60}=\frac{5}{6}\fallingdotseq 83\%$$

となり、「半熟卵無料クーポン」のリピート率が高い結果になりました。しかし、直観的に判断するわけにはいきません。順を追って統計処理をする必要があります。

仮説を立てる（帰無仮説）

明らかに半熟卵の方がリピート率高いじゃないか。もやし+わかめは（第4章では）人気の高いトッピングだったのになあ

まだよ、まだダメ。ここから統計学で処理するのよ。仮説を立てて、手順を踏む必要があるの。今時点で、リピート率に差があることを偶然なのか必然なのか証明できないの

また、証明かあ……

ということで、統子がその証明をやっていきます。でも、ｚ検定やｔ検定でやったように差があるかどうか証明するのは難しいものです。差がある場合は、大きな差があるのか小さな差があるのかいろんなパターンがあります。だから、統計学では、「差がない」ことを最初に仮説として立てます（帰無仮説）。「差がない」ことが否定（棄却）されれば、「差がないとは言えない」つまり「差がある」ということが証明できます。

両方のクーポンのリピート率が同じとしたら

両方のクーポンのリピート率に差がないなら、各クーポンの比率は合計と同じく3：2（90：60）になるはずです。

「もやし＋わかめクーポン」であれば、24：16（３：２）となることが期待されます（期待値）。でも実際はそうなっていません。「もやし＋わかめクーポン」の実測値を確認すると30：10（３：１）となっています（図２）。

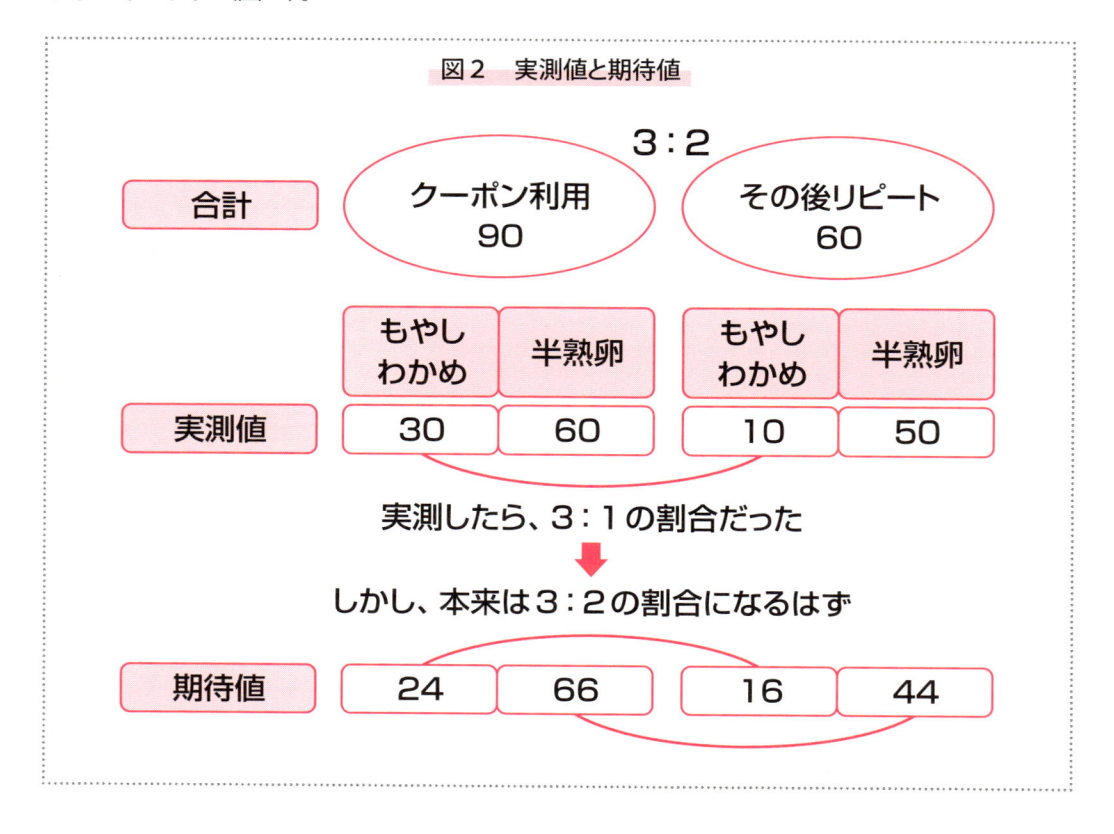

図２　実測値と期待値

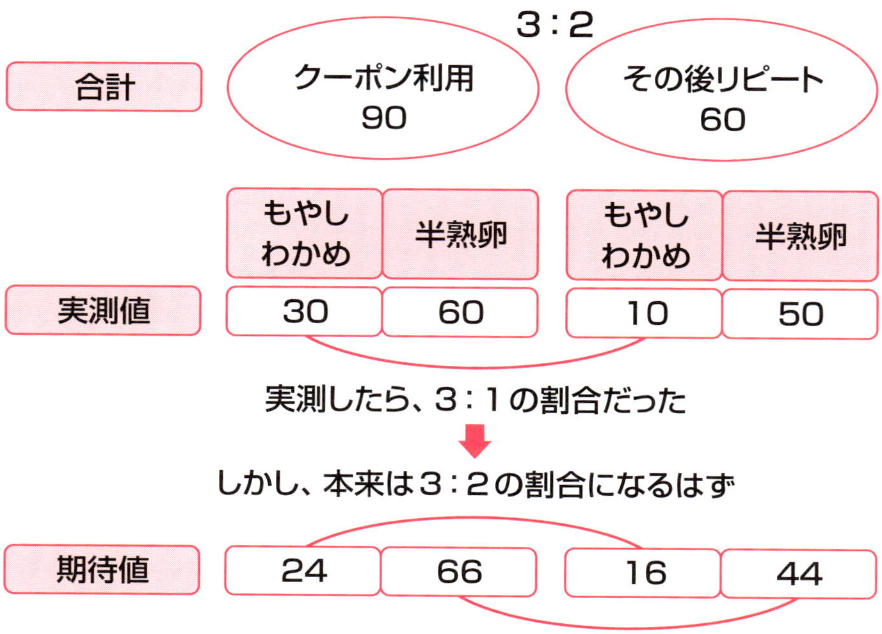

検定してみる〜カイ二乗検定

「もやし＋わかめ」の「その後のリピート」の期待値は16でしたが、実際の実測値は10で期待値を下回っていました（表２）。ここでは、カイ二乗検定により、このズレが統計的に誤差なのか、そうでないのかを検定します。

表２　クーポンの比較

		クーポン利用	その後リピート	合計
もやし+わかめ無料クーポン	実測値	30	10	40
	期待値	24	16	
半熟卵無料クーポン	実測値	60	50	110
	期待値	66	44	
		90	60	150

じゃあ早速、カイ二乗値を求めるのよ。

$$\frac{(30-24)^2}{24}+\frac{(10-16)^2}{16}+\frac{(60-66)^2}{66}+\frac{(50-44)^2}{44}=\frac{1}{3}\fallingdotseq 5.11$$ ←今回のカイ二乗値

って、いきなりなんだよ？　この数式は

いいの！　数式は気にしなくても。でも興味ある人のために元の公式を記載しておくと以下になります。期待度数からどれだけズレたかの指標がカイ二乗値よ！

$$\text{カイ二乗値}=\frac{(\text{観測度数}-\text{期待度数})^2}{\text{期待度数}}\text{の総和}$$

なんとなく、データのばらつきを表す分散の式に似ているな

お父さんもだいぶわかってきたわね！　分散は平均からどれくらいズレているのかという指標だけど、カイ二乗値は、期待度数からどれくらいズレているのかという値になるのよ

で、これをどうやって使うんだ？

実は、カイ二乗分布表というのがあらかじめ決まっているの。ここでは分布表は載せないけど、事象が起きた確率が5%以上なのか、それ未満なのかが判別できるようになっているの

第カイ二乗分布表の作成方法は第２部で記載します。

Excel操作はココをチェック！

第5章第1節「カイ二乗検定」のExcelの操作は、第2部P.224を参照。

第１章のｔ検定などでも、５％以上なのか、以下なのかという話は出てきました。社会現象を扱う場合は、５％以下の事象は偶然と判断される場合が多いので、５％の確率で確認することが多いです。

検定した結果はどうなった？

カイ二乗分布表の5%以下だったかを判断する値は、3.84となるの（カイ二乗分布表より）。今回のカイ二乗値の方が大きいでしょ（図3）

図３　カイ二乗値と分布表の比較

カイ二乗分布表の5%有意水準の値		今回のカイ二乗値
3.84	＜	5.11

これは、大きいとどうなるんだ？

これは、仮説が起きる可能性は5%以下、つまり、めったに起きないってことよ。つまり、両方のクーポンのリピート率に差がないいう仮説はタマタマってことよ

仮説がタマタマってことは……両方のクーポンのリピート率に差がある！

そうね。逆に言うと差がある確率は95%以上ってことよ

これで、半熟卵のクーポンの方が人気はあるってはっきりしたな

“わかめ+もやし”より、“半熟玉子”が付いている方がお得そうに感じるからかしら

クーポンは、お客の数を増やす特効薬として使われます。ただむやみに使うと、利益を減らしかねません。第4章で実施した原価を確認にしながら、利益を減らし過ぎないようにも確認しないといけませんね。なにより、クーポンを配っても効果がないと寂しいものですし、印刷代も無駄になってしまいます。どういったクーポンの効果が高いのかを、クーポンを配布するたびに確認していきたいですね。

なお、ExcelのCHISQ.TEST関数を使って、この仮説がどれくらいの確率で出現するものかを調べることもできます。観測値と期待値をこの関数に入力すると、約2.4%となります。

「もやし+わかめクーポンと半熟卵クーポンのリピート率に差がない確率は約2.4%」となり、5%を切っていますから2つのクーポンによるリピート率には差があるということですね

Excel操作はココをチェック!

CHISQ.TEST関数のExcelの操作は、第2部P.228を参照。

2 行列は繁盛店の証!?
M/M/1理論

お客さまがサービスを受けるために行列に並ぶ場合に、混み具合とサービス提供時間に応じて、どのようにお客さまの待ち時間が変わるのかを示すものです。ここではサービス提供窓口が１個のM/M/1理論を使って、夢楽のお弁当提供窓口の待ち時間を計算してみます。

繁盛し過ぎても困る!?

夢楽は徐々にお客が増えたため、より一層売上を上げるために、お持ち帰り用のランチをはじめました。お持ち帰り用のチャーハンランチは人気で、お昼時には行列ができるようになりました。

たくさんのお客さまが並んでくれるのは嬉しいですが、あまり、お客さまを待たすと評判が悪くなってしまいます。そこで、統子はお持ち帰りランチの提供時間と、お客さまの来店状況を調べることにしました。

複数回計測して平均を取ったところ、お持ち帰り用のチャーハンランチは1個を作るのに、平均80秒かかっていました（作る人は一人で平均80秒の指数分布だとします）。一方で、お客さまは何秒に一人来店されるかの計測を行いました。その平均を取ると100秒間隔でランダムにやってくることがわかりました。ここで、お持ち帰りランチの提供時間をここではTs（平均サービス時間）と呼びます。また、お客さまの到着時間を、Ta（平均到着時間）と呼びます（表１）。

表１　提供時間と到着時間

提供時間Ts（平均サービス時間）	80秒
到着時間Ta（平均到着時間）	100秒

お客さまの待ち時間って何秒になると思う？

100秒に一人しか来てないし、ランチの提供を80秒でやってんだから、待ってもらうのは80秒だろ

じゃあ、一人目のお客さま用に調理している間に他のお客さまが来たらどうなるの？

そりゃ、もうちょっと80秒以上待ってもらわないといけないなあ。そんなのどうやって計算するんだ？

今回は**待ち行列理論**について確認してみるね

待ち行列理論

この場合の混み具合は、平均利用率ρ（ローと読みます）として表されます。

$$\rho = \frac{Ts}{Ta} = \frac{80}{100} = \frac{4}{5} = 80\%$$

混雑の具合は80%ということですね。サービス提供する窓口がひとつで、そこにお客さまが順番に並ぶ場合の待ち行列理論は、M/M/1モデルと呼ばれます。このモデルでは、お客さまが平均的に待つ時間が次の式で表されます。実際に数値を当てはめてみます。

$$待ち時間\ T = \frac{\rho}{1-\rho} \times Ts = \frac{\frac{4}{5}}{1-\frac{4}{5}} \times 80 = 320$$

このことから、お客さまは窓口で平均して320秒待ってもらっていることがわかります。

320秒か、かなり待たしてしまっているんだなあ

そうね、さらに、お客さまの数が増えたらどうなるかしら。たとえば90秒に一人お客さまが来たら

100秒が90秒になるから、10%くらい待ち時間が増えるのかな

統子は数字を入れかえて計算してみました。

$$T = \frac{\rho}{1-\rho} \times Ts = \frac{\frac{80}{90}}{1-\frac{80}{90}} \times 80 = 640$$

320秒が640秒になるのか!?　10%どころか、倍待たせてしまうんだな

短いお昼休みにこれだけ待たすと、お客さまは他の店に行ってしまいそうね

じゃあどうしたらいいんだ？

まずは、調理時間がもう少し短くできないか考えてみましょう。もし、60秒で調理できたらどうかしら

$$T = \frac{\rho}{1-\rho} \times Ts = \frac{\frac{60}{90}}{1-\frac{60}{90}} \times 60 = 120$$

こんどは大分短くなったたな。でも、60秒で調理するのは難しいなあ

すべてのお客さまに出来立てを持って帰って欲しいけど、お客さまがたくさん来ていただけるなら、ある程度作り置きしておいて、待たせないことも重要になるわね

3 これからだ! PDCA

多くの対策を紹介してきましたが、経営で一番大事なのはPDCAです。計画（Plan）して、実行（Do）して、その内容をチェック（Check）して、新しい対策を立ててまた改善活動する（Act）ことです。対策を一度実行して終わりではなくて、良かった点、悪い点を振り返り、継続的にお店を良くする対策を採り続けましょう。

これからが本当のスタート

大学の講義が終わり、統子は夢楽に向かいます。去年の今頃は夢楽でアルバイトするのが憂鬱でした。文吉は不機嫌そうですし、お店もなんだかすさんだ感じがしていました。でも今は違います。通りを曲がって夢楽が見えてくると、寒い中、お店の前に何人かが並んでいるのが見えます。最近では、行列もできるようになりました。並んでいる常連さんと挨拶を交わしながらお店の準備に入ると、香ばしい醤油ラーメンの匂いで一杯です。

お父さん、ただいま。今日のお昼はどうだった？

おう、今日も大忙しで目が回りそうだったな！

本当に、最近は調子いいわね

これも統子と統計学のおかげだよ

統子は大学3年生の冬を迎え、就職活動もあり、夢楽を手伝う機会が減りつつあります。夢楽ではお客が増えたこともあて、新しくアルバイトを雇っています。統子の看板娘としての役割も終わりに近づいているようです。

私が就職しちゃっても、お父さん、頑張っていけるよね

当たり前だろ、統子が小さくて手伝ってもらってない頃から俺はずっとやって来たんだから

そうよね。でもやっぱりお店の経営って難しいのね。改めてお父さんを尊敬しちゃうわ

文吉は照れくさそうです。

今回は、なんとか統計学も使いながらうまくお店が改善できたけど、やっぱりこういった改善は継続的にやらないと意味ないわ

わかっておりますよ。統子先生。お前が勤めだしてもしっかりやるから

お店経営の基本はPDCAを回すことなの

なんだ、もう統計の話は終わったんじゃないのか？

ううん、これは統計学じゃなくて経営の話よ。今回は、最初に色々とデータを集めたり売上計画を立てて、具体的な対策を実施したじゃない。そしてクーポンとか成果をチェックして改善したでしょ。これがPDCAよ。計画（Plan）のP、実行（Do）のD、チェック（Check）のC、そして改善（Act）のAよ

なるほどそのとおりだな

でもこれ1回きりじゃなダメなの。また新しく計画を立てて次の行動に移っていかないといけないのよ

そうだな、せっかく統子に手伝ってもらって経営がうまくいってきたので、これからもPDCAを意識して夢楽の売上をもっと増やしていけるようにやるよ（図1）！

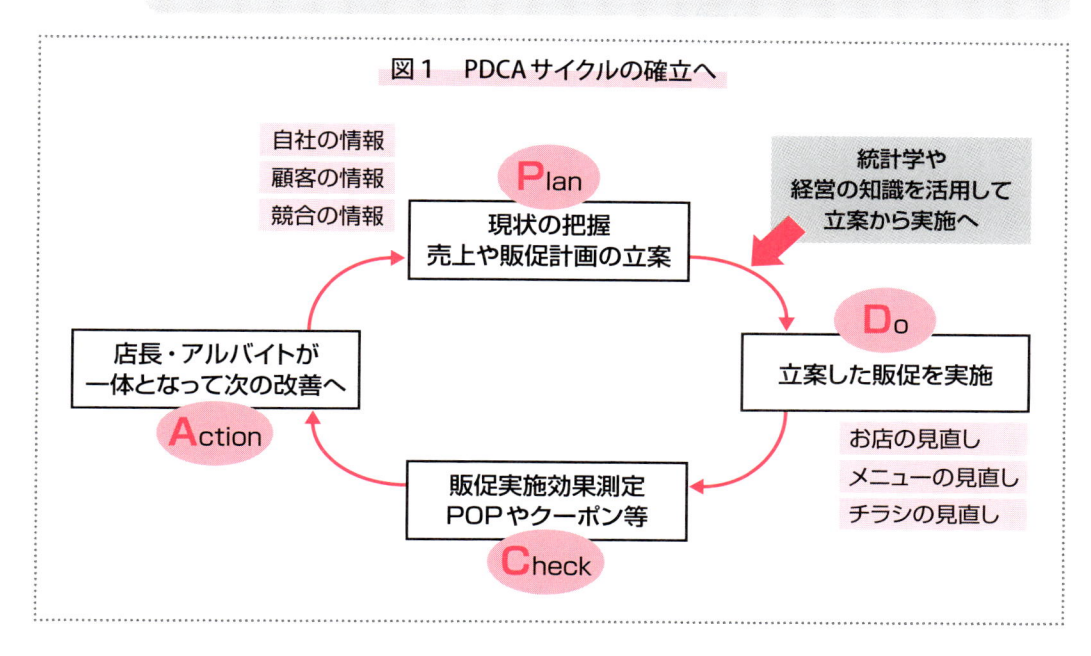

図１　PDCAサイクルの確立へ

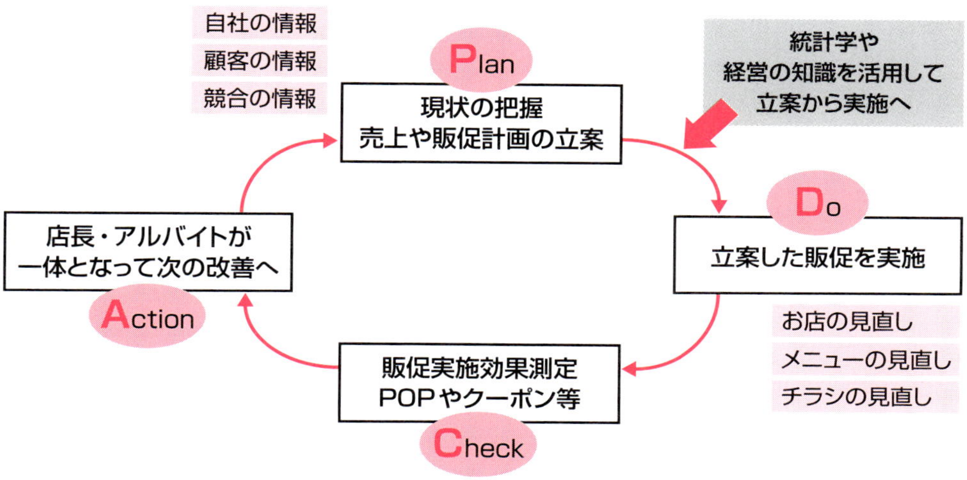

今までの対策を振り返ってみる

夢楽の物語はまだまだ続きますが、本書の中では一旦終わり、夢楽を改善するために実施した対策をここでは振り返ってみます（表１）。

「超・統計学」ということで、統計学の知識だけではなく、経営の知識も数多く登場しました。実際にお店を改善していくには統計学だけではできないでしょう。経営学の知識が必要になります。一方で、経営学の知識ばかりで、統計学を使わないと数字の根拠のない経営施策を実施してしまいがちです。

そのため、第１章では、お店の中の改善を行いました。ラーメンの量や、仕入れロスを統計学で数値的にとらえた後、無駄を改善するECRSなどの経営知識を学びました。

第２章では、アンケートを幾つか実施しましたが、はたしてそのアンケート結果に意味があったのかを幾つかの検定で分析しました。そしてアンケートデータに基づいて、お店の戦略立案について考えてみました。

第３章では、気温や曜日などから売上を予測したり、接客やサイドメニューなどどんな項目が売上に影響するのかを重回帰分析で行いました。そして接客を改善したり、新メニューを開発するにはどうしていくのかを考えました。

第４章では、主成分分析によって他のラーメン屋さんと比較した夢楽の特徴を分析し、そ

表1　これまでの対策まとめ

章	節	課題	対策	活用した知識	
				統計知識	経営知識
第1章	1節	ラーメンの量がばらつく	ラーメンの量の均一化をした	平均値 標準偏差 推定区間	
	2節	材料の在庫が残ってしまい、ロスが発生している	お客さまの来店確率を見積もって、在庫ロスを削減した	正規分布 標準正規分布 累積確率	
	3節	ラーメンを出すまでにかかる時間がばらつく	作業改善をして、ラーメンを出す時間を均一化、迅速化を図った		作業改善 パレートの法則 ECRS
第2章	1節	アンケート結果で夢楽への評価が下がったのか知りたい	検定を実施してアンケートデータが誤差でないことを検証した	z検定	
	2節	アンケート用紙のニア用はこれでいいのか不安だ	アンケート用紙の内容を考え直して、アンケート項目を作り直した	アンケート項目	
	3節	アンケート結果でライバル店との差があるか知りたい	ライバル店と美味しさに差がないことがわかった	t検定	
	4節	夢楽の現状の良いところ悪いところを確認したい	顧客の現状を分析したり、自社の戦略を考え直した		3C分析 STP分析 ランチェスター戦略
第3章	1節	気温からラーメンの売上を予測したい	気温が上がるとラーメンの売上は下がる傾向にあるが、予測式の精度は低いことがわかった	単回帰分析	
	2節	1日の売上を気温、転記、曜日から予測したい	項目を追加することで、気温だけより、精度の高い売上の予測式を作ることができた	重回帰分析	
	3節	過去の売上は、競合店開店後に下ったのか検証したい	競合店ができたことで、どれくらい売上が低下したのかを把握できた	重回帰分析	
	4節	何が売上に影響する項目なのか、改めて調査したい	どの項目の影響が大きいのか分析できた（こだわり、単価、サイドメニュー、美味しさ、接客、距離）	重回帰分析	
	5節	統計学に基づいて出てきたデータだけに従って事業を進めるべきか悩む	改めて店舗の基本について考えて、統計のデータをどう活用していくべきかを認識した		店舗コンセプト 新商品開発 接客
第4章	1節	夢楽のラーメンの特徴をつかみたい	他社を含めたラーメンポジショニングマップを作って、夢楽の特徴を把握した	主成分分析	
	2節	単価を高めるために、どのようにトッピングを見直すか考えたい	人気のあるトッピングの組合せを把握し、メニューや、そのPOPを新しくした	相関係数 相関行列	POPの見直し 行動経済学
	3節	メニューを見直すにしても、人気だけでなくて利益が出ているかどうか把握したい	メニューごとの原価計算を行ったり、どれだけ売れたら黒字になるかの損益分岐点分析を行った		原価管理 FL比率 損益分岐点分析
第5章	1節	クーポンを発行してキャンペーンを行いあいが、その効果を把握したい	クーポンの種類によって、顧客のリピート率が異なるのかを把握した	カイ二乗分析	
	2節	お客さまの行列を減らしたい	席数を増やすことでどれくらい行列が減るか把握した	待ち行列理論	
	3節		今までの対策を改めて復習した	これまでのまとめ	

の後、夢楽のトッピングの組み合わせについて相関行列で分析しました。メニューの内容を見直すとともに、メニューの表示の仕方や価格決定のポイントを考えました。

第５章では、施策の成果測定として、カイ二乗検定により分析したり、混雑具合を予測する待ち行列理論を学びました。そして経営全般を継続的に改善していくためにPDCAの考えを伝えました。

どういったシーンで、どういった分析手法を取ればいいのかを読者のみなさんが認識し、実際のビジネスの中で、統計学や経営学の手法を使っていただければ幸いです。

なお、他の統計学のテキストは登場する項目の並びが体系化され、登場することが多いですが、本書では、お店の経営の中で登場した課題の順に統計学の知識を紹介しました。

第２部では、第１部で紹介したExcelの操作を紹介していますので、改めて第１部のストーリーを振り返りながら、実際にExcelで操作をして統計学を体験してみてください。

第2部

第 6 章
ラーメン店の日常【操作編】

ここからは、実際のExcel操作の説明となります。最初に、新しいバージョンである、Excel 2013の特徴と、関数操作の基本について記載します。

統計学の範囲に入って、平均値などの代表値を計算する関数を確認します。その上でグラフ化の手法を学びます。ヒストグラムの範囲や階級の決め方などです。また、正規分布の分布表や分布図の作成についても確認していきます。

1 Excel 2013での統計処理

本書は、Excel 2013にて、統計処理の操作を説明します。まず旧バージョンとExcel 2013の主な変更点をまとめます。Excel 2013では平面的でシンプルなデザインに変更されています。タブに配置されているボタンも、グラデーションなどがなくなりフラットデザインが採用されています（画面１）。

画面１　Excel 2013のデザイン

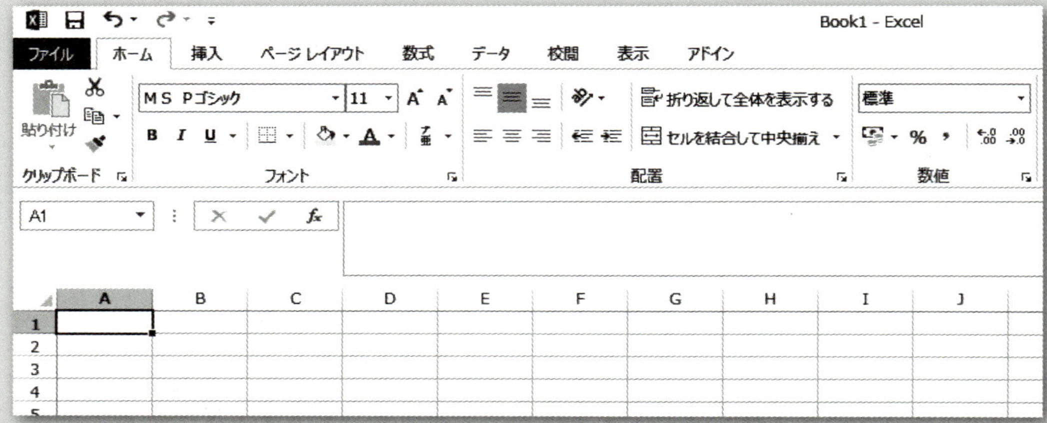

● おすすめグラフ機能

Excelのメニュー自体は大きな変更点はありませんが、挿入タブに目新しい機能が追加されています。それは、「おすすめグラフ」です。利用するには、まずグラフ化したいデータの範囲を選択します。そして、「おすすめグラフ」ボタンをクリックします（画面２）。

そうすると、あらかじめおすすめのグラフの候補が表示されます。画面３では、売上高と経常利益率といった、軸の高さが異なるグラフを２軸にわけて一瞬で作成できます。旧バージョンでは、複数の軸（金額とパーセント）を必要とするグラフ作成は、多くの時間がかかっていましたが、「おすすめグラフ」機能により、短時間で作成できるようになりました。

画面２　おすすめグラフ機能

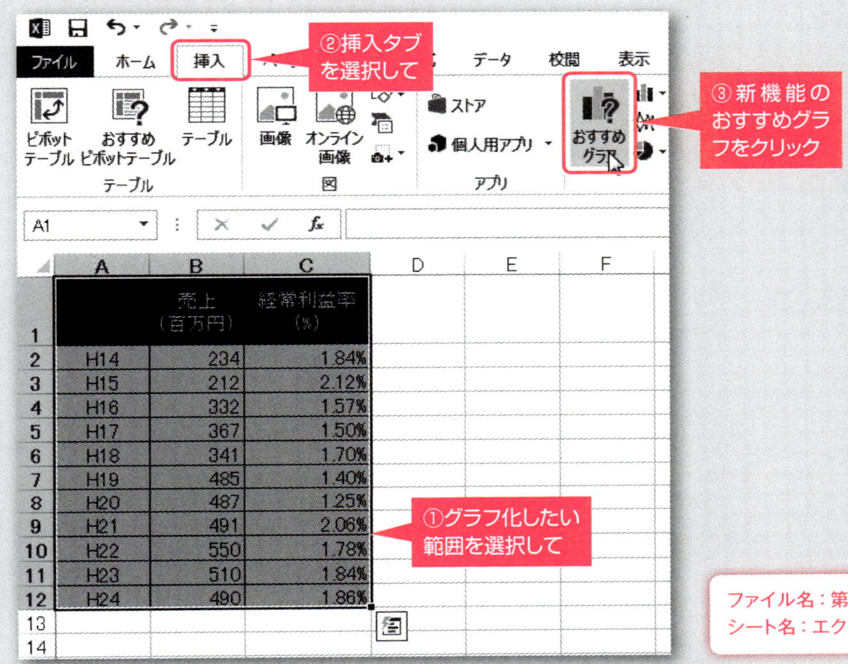

ファイル名：第2部第6章.xlsx
シート名：エクセルの新機能

画面３　おすすめグラフ機能を使ってみる

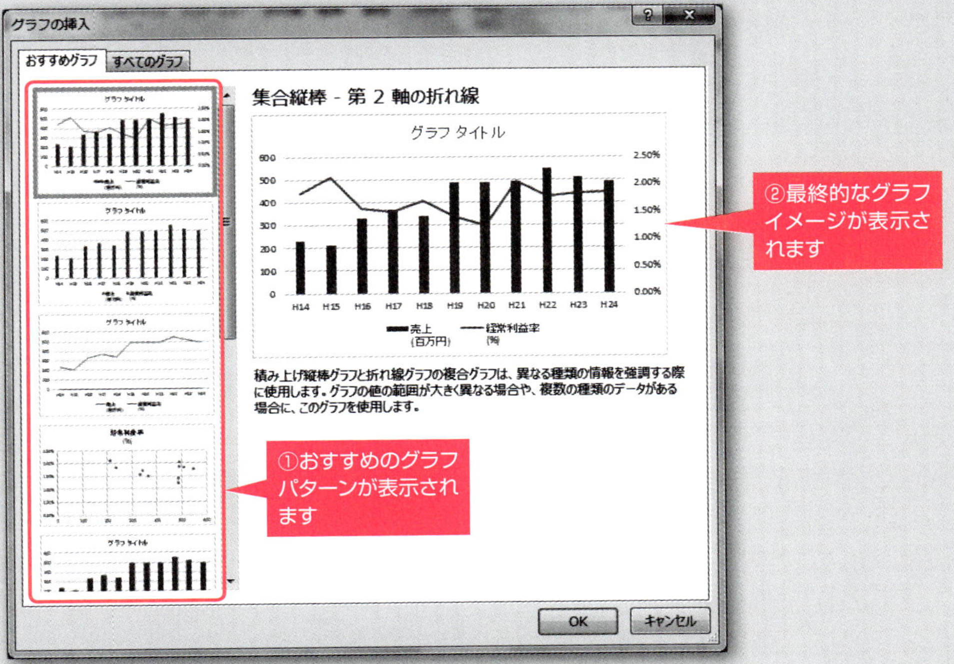

● クイック分析ツール

第１章では平均値などの計算を関数を使って実施しましたが、クイック分析ツールを使うと、求めたい分析結果を迅速に得ることができます（画面４）。データの範囲を選択して、右下に表示されるクイック分析ボタンをクリックします。そうすると、分析する手法が複数表示されますので、分析したいボタンを選択します。合計、平均、個数、比率など、よく使われそうな機能があらかじめ用意されていますので、その中から使いたい機能を選択します。

今回は、“平均”を選択しました。

画面４　クイック分析機能

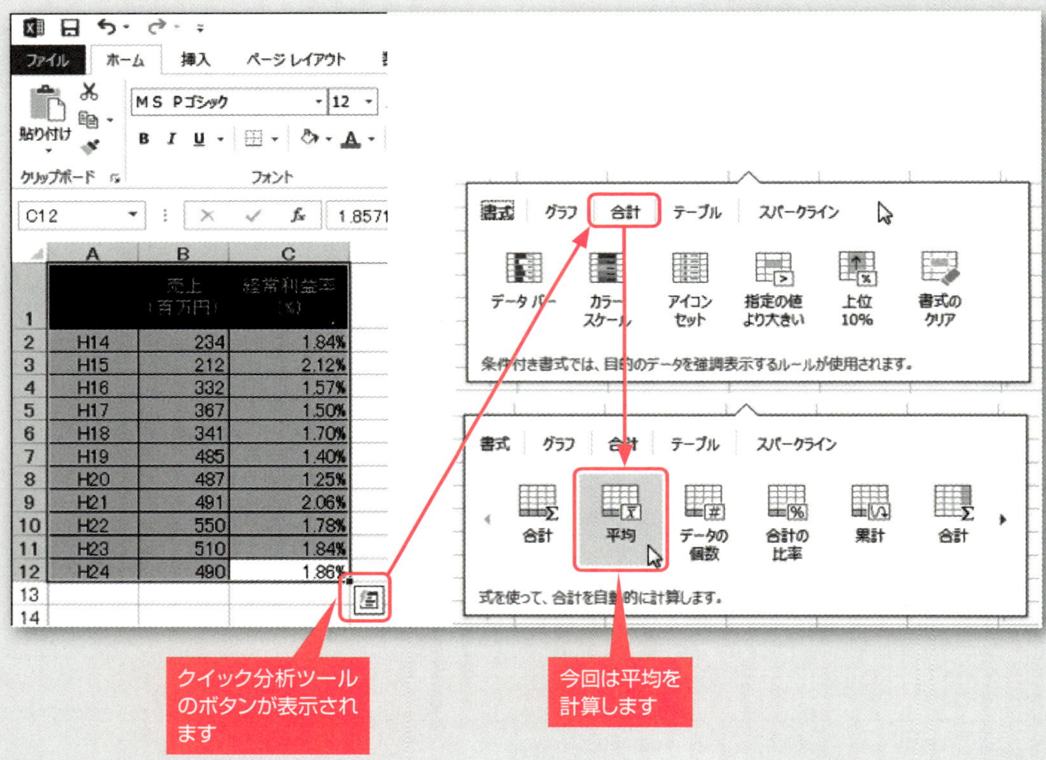

平均のボタンをクリックすると、関数を入力することなく平均の結果が簡単に計算できました（画面５）。より操作が直感的に行えるようになっています。

画面5　クイック分析機能の出力結果の例（平均）

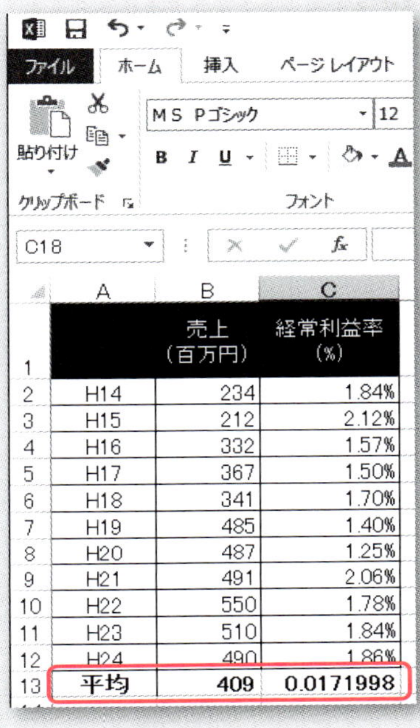

	A	B	C
1		売上（百万円）	経常利益率（%）
2	H14	234	1.84%
3	H15	212	2.12%
4	H16	332	1.57%
5	H17	367	1.50%
6	H18	341	1.70%
7	H19	485	1.40%
8	H20	487	1.25%
9	H21	491	2.06%
10	H22	550	1.78%
11	H23	510	1.84%
12	H24	490	1.86%
13	平均	409	0.0171998

● グラフの編集

旧バージョンでは、作成したグラフを改めて編集したい場合に、編集ボタンの場所が多岐にわたりどこをクリックすればよいか迷いがちでした。Excel 2013では作成したグラフを選択すると画面6のようなボタンが右側に表示されます。それぞれのボタンを使用することで「要素の追加や削除」「スタイルの設定」「フィルター（抽出）」などを改めて探さなくても編集できるようになりました。

画面6　グラフの編集機能

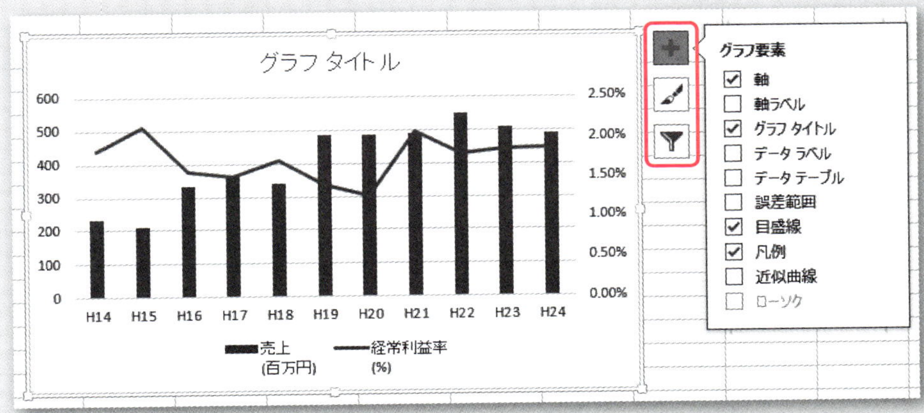

ここで、データラベルのチェックボックスをクリックすると、各グラフのデータラベルが表示されました（画面７）。

画面７　グラフの編集機能でデータラベルを表示

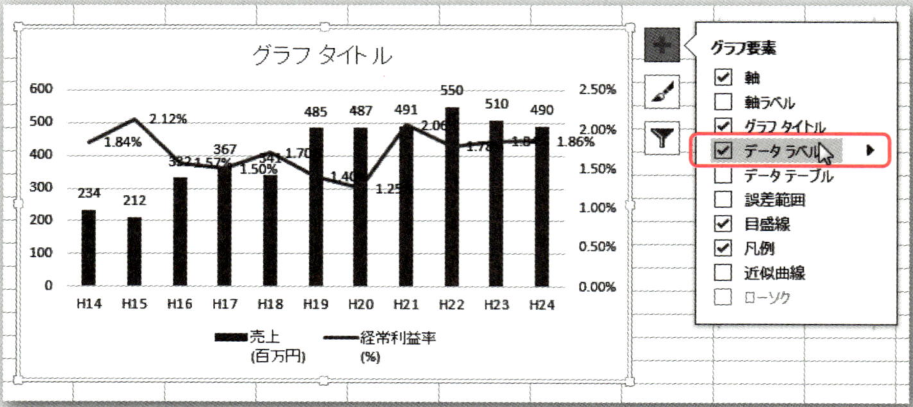

Excel 2013の新機能は他にもありますが、全般的に、よく使う機能が選択し易くなった印象です。

2 Excel関数の使い方

● Excel関数の使い方

統計関数を含め、数多くの関数がExcelには用意されています。ここでは、Excelでの関数の使い方を記載します（画面１）。

①関数を入力したいセルを選択して、②数式タブをクリックし、③関数の挿入を行います。

画面１　Excel関数の使い方

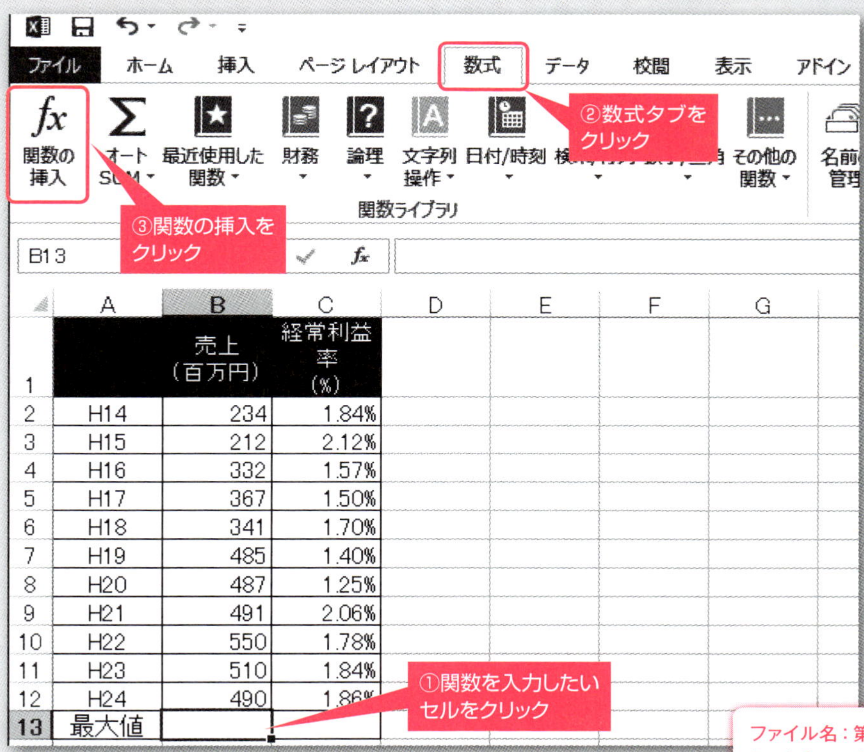

ファイル名：第2部第6章.xlsx
シート名：エクセル関数の使い方

③の関数の挿入をクリックしたら（画面１）、画面２で①探したい関数の内容を検索して、検索結果から②関数名をクリックします。

今回は、最大値のMAX関数を選択しました。

画面２　Excel関数の挿入～MAX関数

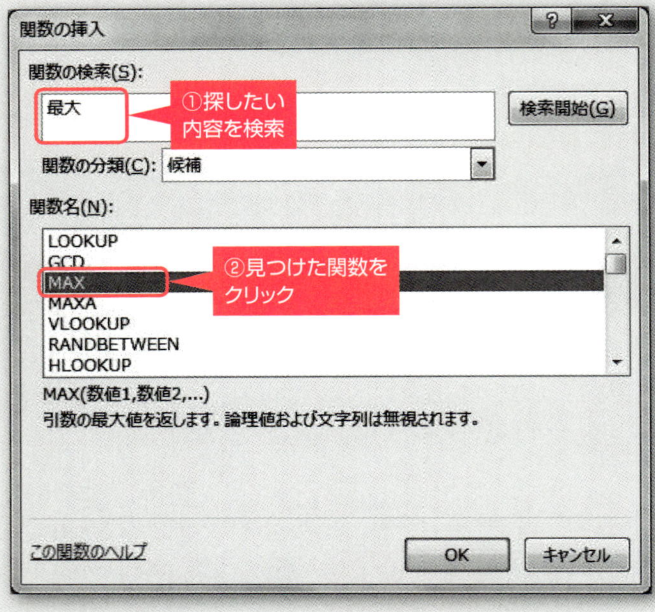

関数を選択すると、引数の入力画面が表示されます（画面３）。今回は、売上の中の数値の最大値を求めるため、売上の入っているB2からB12のセルを指定しています。最終的に、［OK］をクリックして結果が出力される前に、画面に結果が表示されていますので、内容を確認してから、［OK］をクリックします。

画面３　Excel関数で引数を入力

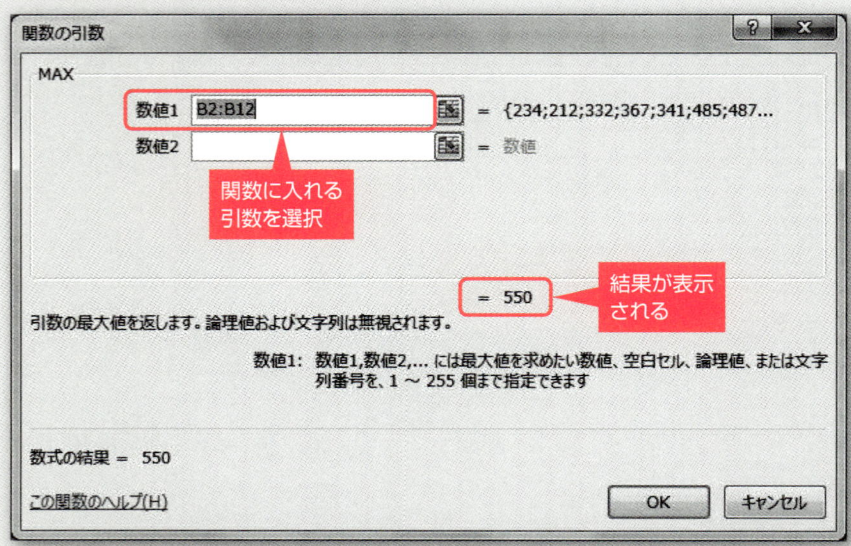

［OK］をクリックすると、関数を入力したセルに、処理結果が表示されました（画面４）。

画面４　Excel関数の出力結果

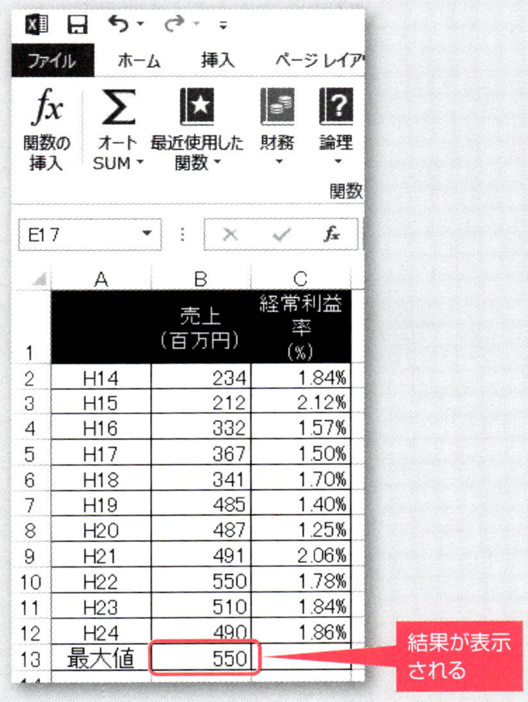

次節より、第１部の内容に対応したExcelの操作や関数を説明していきます。

3 平均値の計算

● 代表値の計算

多数のデータから代表的な値を把握することで、そのデータの概要を把握することができます。代表値には、平均値、中央値、最頻値などがあります（表１）。

表１　主な代表値

平均	演算によって求める平均値です。グループの各数値を加算してそれらの数値の個数で割ることにより計算します。 たとえば、「2、3、3、5、7、10 」の平均は、合計の30 を 6 で割った商、つまり 5 です。
中央値（メジアン）	数値のグループの中で中央に当たる数値です。メジアンより大きい数値と小さい数値の個数が半々になります。また、データが偶数個の場合は、中央に近い2つの値の算術平均をとります。 たとえば、「2、3、3、5、7、10」のメジアンは3と5の算術平均の4です。
最頻値（モード）	数値グループの中で最も頻繁に出現する数値のことです。 たとえば、「2、3、3、5、7、10」のモードは 3 です。

しかし代表値だけでは、データの傾向はつかめるとは言えません。たとえば、３人の生徒の身長を計測したとします。Aさん150cm、Bさん170cm、Cさん190cmの場合、平均は170cmになります。

しかし、Dさん165cm、Eさん170cm、Fさん175cmの場合も、平均は170cmとなります。

A、B、Cのデータと、D、E、Fのデータの傾向が同じだとは言えません。そのため、後述する標準偏差など、複数の統計量と一緒に考えていく必要があります。

ここでは、代表値の３つのExcel関数について記載します。まず、第１編第１章のラーメンの重さの平均を計算したAVERAGE関数です（表２）。AVERAGE関数は使わなくても、平均は、すべてのデータを加算してデータ数で割ればいいので、

（B2+B3+B4+・・・・＋B51）÷50≒149.98

となります。しかしすべてのデータを足し算するのは大変ですから、やはり関数を活用するのが有効です。

表2　AVERAGE関数の書式

AVERAGE関数	平均値を求めます
書式	AVERAGE(データの範囲)
計算式	データの合計÷データの個数
利用データ	ファイル名：第2部第6章.xlsx ／ シート名：平均値
入力例	セルB52：=AVERAGE(B2:B51) → 149.98 セルC52：=AVERAGE(C2:C51) → 149.89

Excelデータの一部を掲載しました。AVERAGE関数と計算するセルの範囲を入力すると平均値が計算されました（画面1）。

画面1　AVERAGE関数の使い方

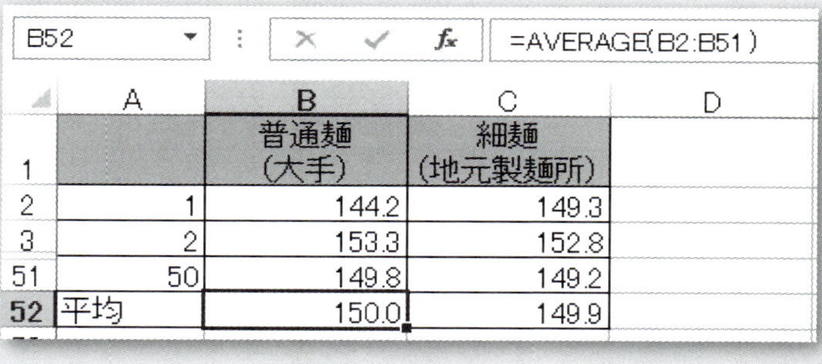

また、上部のツールバーで小数点を以下の桁数を増やしたり減らしたり表示を変更することができます（画面2）。ここでは、小数点の桁を増やしてみます（画面3）。第1章第1節のデータを使用します。

画面2　小数点の桁の設定

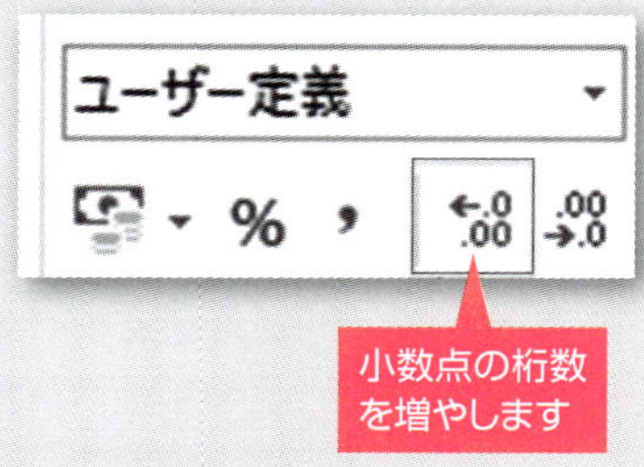

画面3　AVERAGE関数の結果の、小数点の桁数の調整

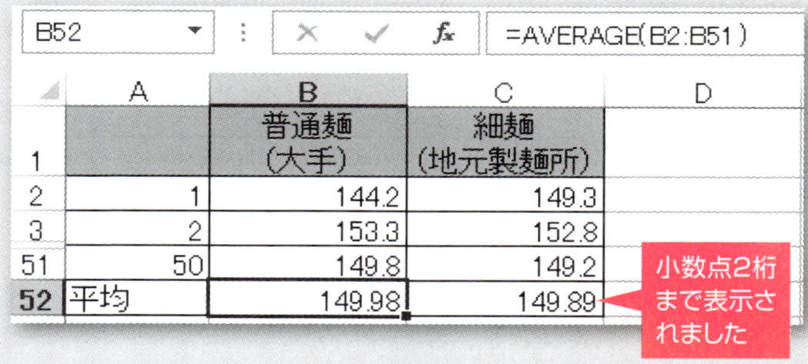

また、メジアン（MEDIAN）とモード（MODE）についても、実際のデータで計算を行います（表3、4、画面4）。

表3　MEDIAN関数の書式

MEDIAN関数	中央値（メジアン）を求めます
書式	MEDIAN(データの範囲)
計算式	—
利用データ	ファイル名：第2部第6章.xlsx ／ シート名：その他代表値
入力例	セルB13：=MEDIAN(B2:B11) → 5.5 セルC13：=MEDIAN(C2:C11) → 5.5

表4　MODE関数の書式

MODE関数	データの中の最頻値を求めます
書式	MODE(データの範囲)
計算式	—
利用データ	ファイル名：第2部第6章.xlsx ／ シート名：その他代表値
入力例	セルB14：=MODE(B2:B11) → 10.0 セルC14：=MODE(C2:C11) → 4.0

画面4　MEDIAN関数とMODE関数の使い方

B13　　=MEDIAN(B2:B11)

	A	B	C
1		データA	データB
2	1	10.0	4.0
3	2	9.0	5.0
4	3	4.0	6.0
5	4	5.0	7.0
6	5	6.0	10.0
7	6	10.0	8.0
8	7	9.0	2.0
9	8	1.0	6.0
10	9	2.0	4.0
11	10	4.0	1.0
12	平均(AVERAGE)	6.0	5.3
13	中央値(MEDIAN)	5.5	5.5
14	最頻値(MODE)	10.0	4.0

4 ヒストグラムの作成

● ヒストグラムとは

ヒストグラムは、縦軸に度数、横軸に階級をとったグラフです。数字であるデータを、平均値や中央値などを使うことで、さまざまな視点の分析をすることができます。しかし、データの分布状況を目で見て、パッとわかるようにしたい場合もあります。そんな時に活用できるのが、ヒストグラムです。

ヒストグラムを作成する上で、重要になってくるのが、ヒストグラムの範囲や階級の幅です。階級の幅を荒くし過ぎると、ぼやっとした感じになってしまいますし、細すぎて階級に含まれるデータが少ないとヒストグラムにする意味がなくなってしまいます。

そこで、ヒストグラムの範囲や階級数を決める公式がいくつかあります。今回はスタージェスの公式を記載します。

スタージェスの公式
範囲　：C＝（最大値 − 最小値）／（1＋$\log_2$（データ数））
階級数：K＝1＋$\log_2$（データ数）

スタージェスの公式を普通麺のデータに当てはめます。第1章第1節のデータを使用します。

範囲　：C＝（156.5 − 143.4）／（1＋$\log_2(50)$）≒1.97
階級数：K＝1＋$\log_2(50)$ ≒6.6

なお、logの計算は、通常の電卓では計算できないため、関数電卓が必要ですが、最近では、検索エンジンでもlogの計算結果を返してくれます（画面1）。

もちろんExcel関数でも計算ができます（図1）。

画面1　Googleを用いたlogの計算

図1　log関数の使い方

$\log_2(50)$
$= \log(50,2)$ ← Excelへの入力
$\fallingdotseq 5.64$

公式の計算結果によると、階級の範囲は２程度、階級数は７程度で良いということになります。

その結果、以下のデータ区間（表１）で、Excelの分析ツールのヒストグラムを使ってみます（画面２～４）。

表１　データ区間

データ区間
144
146
148
150
152
154
156

画面２　分析ツール～ヒストグラム

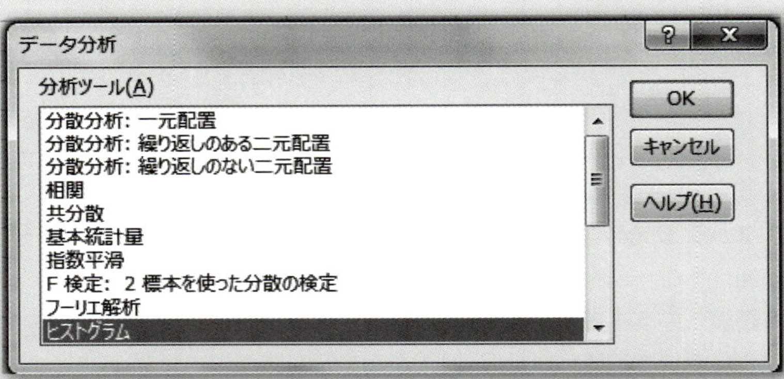

画面３　ヒストグラム用のデータ作成

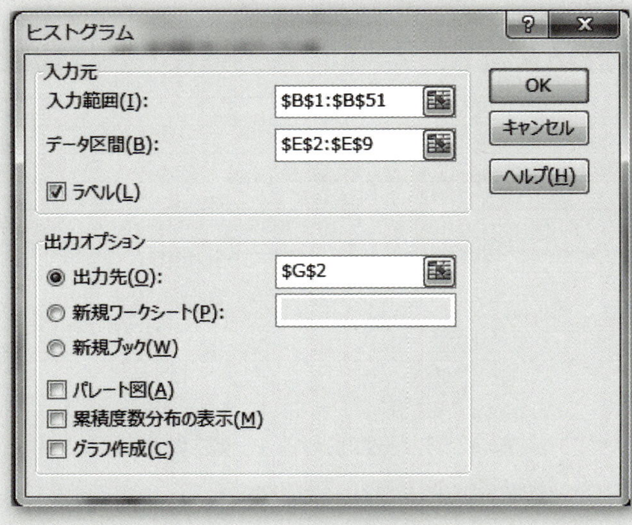

ファイル名：第2部第6章.xlsx
シート名：ヒストグラム

画面４　ヒストグラム用のデータ作成の入力項目の確認

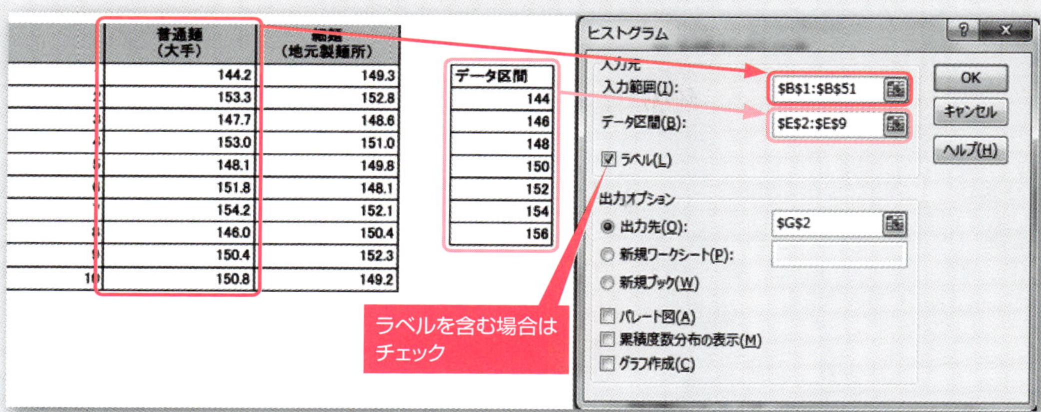

入力範囲には、実際のデータ範囲を含めます。今回は、普通麺のデータを選択しています。なお、“普通麺(大手)”のラベルのセルも選択範囲に含めていますが、その際には、“ラベル”の項目にチェックを入れるのを忘れないようにしてください。

また、出力オプションは、初期値では、“新規ワークシート”となっていますので、新しくワークシートが作成され、そのシートにデータが出力されます。今回は、同一シート内にデータを出力するため、“出力先”のセルの値を設定しました。

その結果が画面５の出力内容となります。

画面５　ヒストグラム用データの出力結果

データ区間	頻度
144	1
146	3
148	7
150	17
152	9
154	8
156	4
次の級	1

いきなりヒストグラムのグラフが出力されるのではなく、ヒストグラム用のデータが出力されました。この結果を、Excelのグラフ機能を使ってヒストグラム化します。ここで先に説明した「おすすめグラフ」（P136）の機能を活用します（画面6）。なお、ヒストグラムのタイトルは、タイトル名をクリックして手動で編集しました（画面7）。

画面6　ヒストグラムの作成

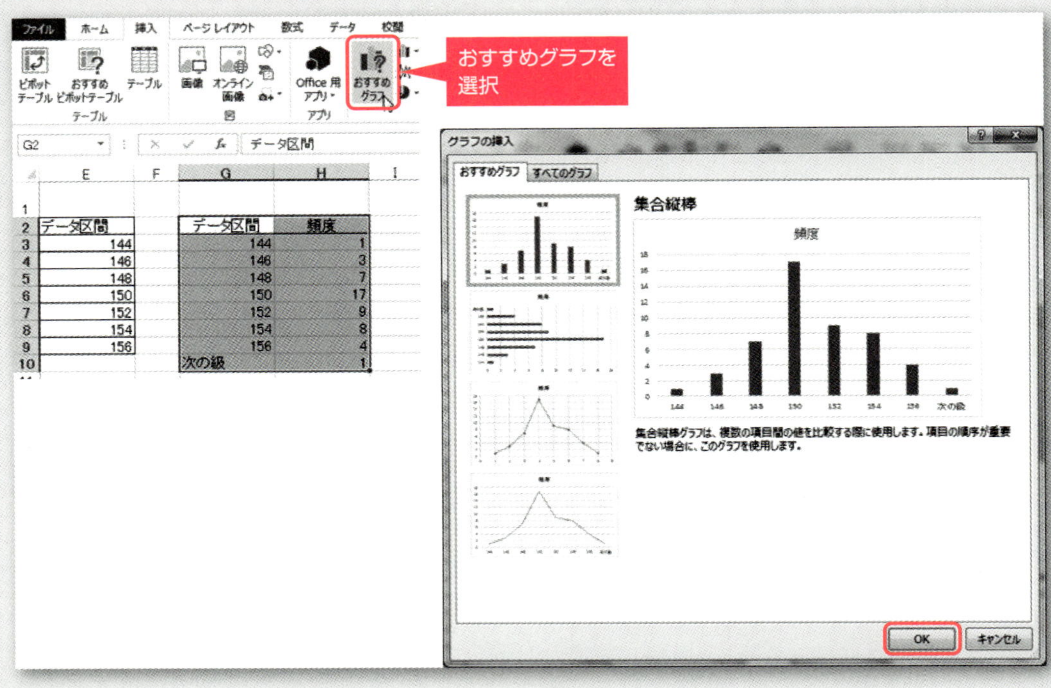

画面7　出力されたヒストグラム

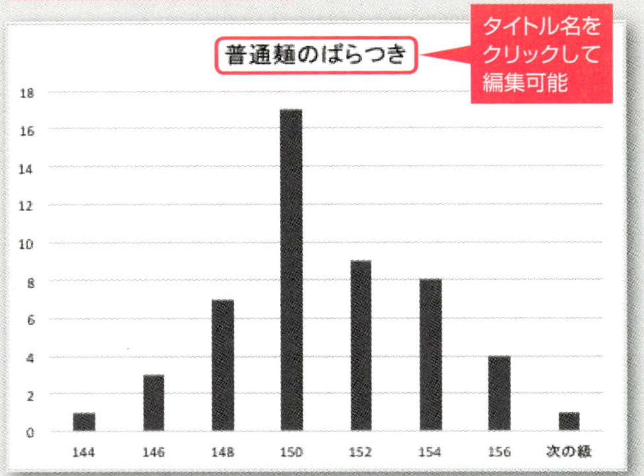

なお、ヒストグラムのボックスで、“累積度数分布の表示”をチェックすると、ヒストグラムと合わせて、累積度数が表示されます。さらに、“グラフ作成”のチェックを入れると、ヒストグラム作成までを一気に実施してくれます（画面８）。

画面８　累積度数分布の表示

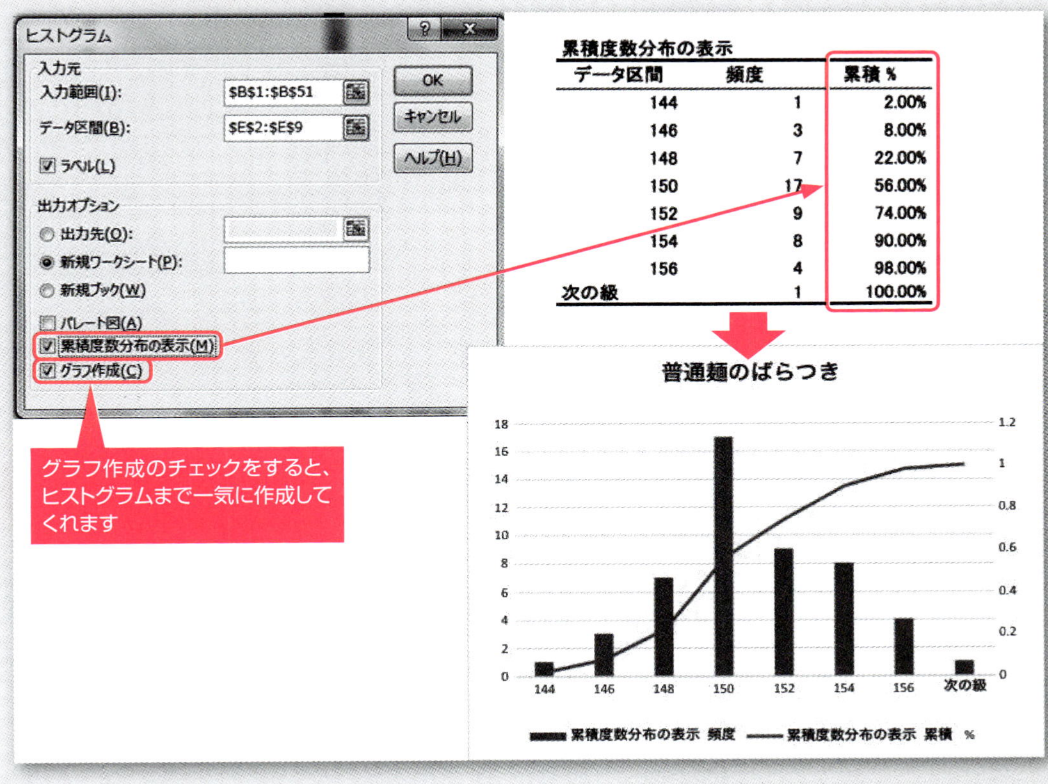

累積度数分布の表示

データ区間	頻度	累積 %
144	1	2.00%
146	3	8.00%
148	7	22.00%
150	17	56.00%
152	9	74.00%
154	8	90.00%
156	4	98.00%
次の級	1	100.00%

なお、第１章第１節のストーリーでは、もう少し細かいデータ区間を設定しました（画面９）。スタージェスの公式では、階級の範囲（データ区間）は２程度、階級数は７程度でしたが、データ区間を１、階級数を14と倍の細かさで指定しています。前述のとおり、あまり細かくし過ぎてはヒストグラムの意味がなくなりますが、普通麺と細麺のバラツキを際だたせるために細かく設定しました。また、細麺のデータだけでヒストグラムを作成すると、最大値、最小値は、普通麺より範囲が狭くなっています。しかしこれも、普通麺と細麺を比較するため、同じ範囲で表示しています。一律に公式で決定するのではなく、データを分析するのにふさわしい値を設定してください。

画面9　第1章第1節の普通麺と細麺のヒストグラム

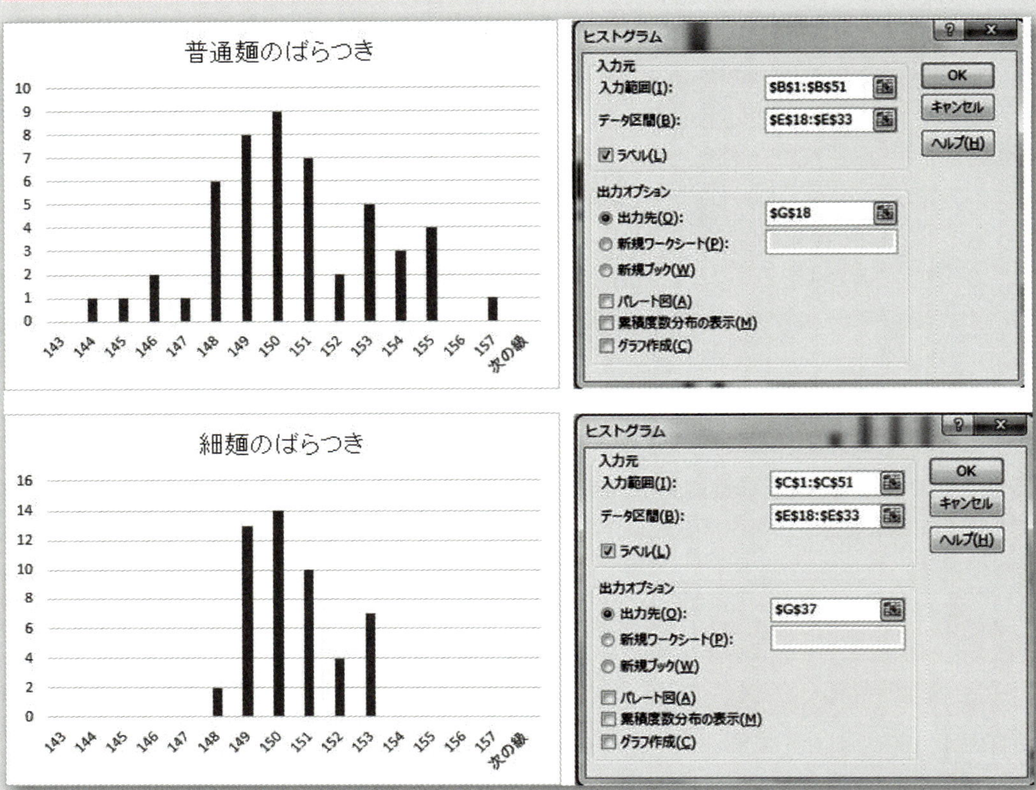

5 分散と標準偏差を求める

● バラツキを計算する

分散と標準偏差はデータのバラツキを表します。データのバラツキを考える際には、データと平均値の差を計算すればよいのですが、単純に平均値と差をとると、差がプラスのものとマイナスのものがあり、それらを合算するとバラツキ具合がわからなくなります。そのため、プラスとマイナスをなくすために、その差を二乗して合算します。これが分散です。

しかし分散は二乗しているため、元の数値に比べて値も大きくなり、実際にどれくらいの幅でばらついているのかがわかりにくくなります。そこで、分散の平方根をとったものが標準偏差になります。

ここでは、50個の麺を母集団全体と見なして標本分散と標準偏差を求めていきます（表１）。VAR.P関数（画面1、表2）と、STDEV.P関数（画面２、表３）を使って計算します。

表１　普通麺と細麺の標本分散と標準偏差

	普通麺（大手製麺所）	細麺（地元製麺所）
平均値（AVERAGE）	149.98	149.89
標本分散（VAR.P）	7.99	1.99
標準偏差（STDEV.P）	2.83	1.41

画面１　VAR.P関数の使い方

B53　=VAR.P(B2:B51)

	A	B	C
1		普通麺（大手）	細麺（地元製麺所）
50	49	148.3	149.5
51	50	149.8	149.2
52	平均	149.98	149.89
53	標本分散（VAR.P）	7.99	1.99
54	標準偏差（STDEV.P）	2.83	1.41

表2　VAR.P関数の書式

VAR.P関数	分散を求めます。なお、引数を母集団全体と見なし、母集団の分散（標本分散）を返します
書式	VAR.P(データの範囲)
計算式	$\frac{\sum (x-\bar{x})^2}{n}$ n：データの個数　$\bar{x}$：データの平均値
利用データ	ファイル名：第2部第6章.xlsx ／ シート名：標準偏差・分散
入力例	セルB53：=VAR.P(B2:B51) → 7.99 セルC53：= VAR.P(C2:C51) → 1.99

画面2　STDEV.P関数の使い方

B54　=STDEV.P(B2:B51)

	A	B	C
1		普通麺（大手）	細麺（地元製麺所）
50	49	148.3	149.5
51	50	149.8	149.2
52	平均	149.98	149.89
53	標本分散（VAR.P）	7.99	1.99
54	標準偏差（STDEV.P）	2.83	1.41

表3　STDEV.P関数の書式

STDEV.P関数	標準偏差を求めます。なお、引数を母集団全体であると見なして、母集団の標準偏差を返します。
書式	STDEV.P(データの範囲)
計算式	$\sqrt{\frac{\sum (x-\bar{x})^2}{n}}$ n：データの個数　$\bar{x}$：データの平均値
利用データ	ファイル名：第2部第6章.xlsx ／ シート名：標準偏差・分散
入力例	セルB54：= STDEV.P(B2:B51) → 2.83 セルC54：= STDEV.P(C2:C51) → 1.41

6 母集団と不偏分散

● 母集団と標本の関係

母集団から標本を取り出した標本平均は、母平均の推定値として使うことができますが、標本平均は、母平均と一致するわけではありません。

この母集団の分散のことを「不偏分散」といいます。分散は、データの個数（n）で割るのに対して、不偏分散はデータの個数－１（n－1）で割ったものとなります。

改めて、データを母集団全体と見なした場合の分散（VAR.P）と標準偏差（STDEV.P）と、データを母集団の標本と見なした場合の不偏分散（VAR.S）と標準偏差（STDEV.S）を併記します（表１）。不偏分散の値は、標本分散の値より大きくなっています。分散はデータ数nが分母なのに対して、不偏分散は、データ数－1（n－1）が分母になるためです。第１章第１節のデータを引き続き使用しています（表2、3、画面1、2）。

表１　標本と母集団の平均値、分散、標準偏差

		普通麺（大手製麺所）	細麺（地元製麺所）
データを母集団全体と見なす場合	平均値（AVERAGE）	149.98	149.89
	標本分散（VAR.P）	7.99	1.99
	標準偏差（STDEV.P）	2.83	1.41
データを母集団の標本と見なす場合	平均値（AVERAGE）	149.98	149.89
	不偏分散（VAR.S）	8.16	2.03
	標準偏差（STDEV.S）	2.86	1.42

画面１　VAR.S関数の使い方

B53　=VAR.S(B2:B51)

	A	B	C
1		普通麺（大手）	細麺（地元製麺所）
47	46	147.8	149.0
48	47	149.6	149.2
49	48	149.2	149.4
50	49	148.3	149.5
51	50	149.8	149.2
52	平均	149.98	149.89
53	不偏分散（VAR.S）	8.16	2.03
54	標準偏差（STDEV.S）	2.86	1.42

表 2　VAR.S 関数の書式

VAR.S 関数	分散を求めます。なお、引数を母集団の標本であると見なし、不偏分散を返します
書式	VAR.S(データの範囲)
計算式	$\dfrac{\Sigma(x-\bar{x})^2}{n-1}$ n：データの個数　$\bar{x}$：データの平均値
利用データ	ファイル名：第2部第6章.xlsx ／ シート名：不偏分散
入力例	セルB53：=VAR.S(B2:B51) → 8.16 セルC53：= VAR.S(C2:C51) → 2.03

画面 2　STDEV.S 関数の使い方

B54　=STDEV.S(B2:B51)

	A	B	C
1		普通麺（大手）	細麺（地元製麺所）
47	46	147.8	149.0
48	47	149.6	149.2
49	48	149.2	149.4
50	49	148.3	149.5
51	50	149.8	149.2
52	平均	149.98	149.89
53	不偏分散（VAR.S）	8.16	2.03
54	標準偏差（STDEV.S）	2.86	1.42

表 3　STDEV.S 関数の書式

STDEV.S 関数	標準偏差を求めます。なお、引数を標本と見なし、標本に基づいて母集団の標準偏差の推定値を返します
書式	STDEV.S(データの範囲)
計算式	$\sqrt{\dfrac{\Sigma(x-\bar{x})^2}{n-1}}$ n：データの個数　$\bar{x}$：データの平均値
利用データ	ファイル名：第2部第6章.xlsx ／ シート名：不偏分散
入力例	セルB54：= STDEV.S(B2:B51) → 2.86 セルC54：= STDEV.S(C2:C51) → 1.42

7 区間推定

● 母集団の平均値の信頼区間を求める

母集団の平均値に対する正規分布を利用した、信頼区間はCONFIDENCE.NORM関数で計算できます。本編で計算した結果では、普通麺は平均値が149.98で、95%の信頼区間が0.79でした（表1、画面1、表2）。これは、95%の確率で普通麺の母集団の平均値は、149.98±0.79、つまり、149.19〜150.77の間に入るということがわかります。第１章第１節のデータを使用しています。

表１　普通麺と細麺の信頼区間

	普通麺（大手製麺所）	細麺（地元製麺所）
平均値	149.98	149.89
信頼区間（CONFIDENCE.NORM）	0.79	0.39

画面１　CONFIDENCE.NORM関数の使い方

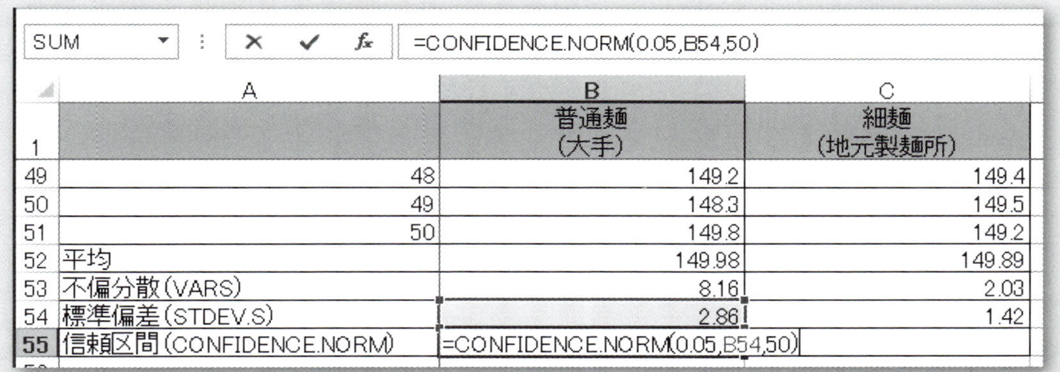

表2　CONFIDENCE.NORM関数の書式

CONFIDENCE.NORM関数	正規分布を使用して、母集団に対する信頼区間を返します。信頼区間は、平均値の範囲を表します。標本平均 x はこの範囲の中央で、範囲は x ± CONFIDENCE.NORMになります。
書式	CONFIDENCE.NORM(α ,標準偏差,標本数) α :有意水準を指定します。信頼度は、100*(1− α)% に等しくなります。つまり、0.05 の α は、95% 、0.01なら99%の信頼度を示します。
計算式	$1.96 * \frac{\sigma}{\sqrt{n}}$ （信頼区間95%の場合） σ :標準偏差　 n :データの個数 α が 0.05(95%信頼区間)の場合、標準正規分布曲線より下の領域で、全体の (1− α)、つまり 95% の範囲が1.96となります。
利用データ	ファイル名:第2部第6章.xlsx ／ シート名:信頼区間
入力例	セルB55 : = CONFIDENCE.NORM(0.05,B54,50) → 0.79 セルC55 : = CONFIDENCE.NORM(0.05,C54,50) → 0.39

なお、データ数が十分に大きくて、正規分布になるのであれば、CONFIDENCE.NORM関数を使いますが、データ数が少ない場合には、 t 分布を使用して、母集団の平均値に対する信頼区間を返す、CONFIDENCE.T関数が別にあります。

8 正規分布

● 正規分布図を作成する

第１章第２節で、正規分布表の使い方を説明しました。ここでは、正規分布表や正規分布のグラフの作成をします（画面１、表１）。正規分布図を作成するには、NORM.DIST関数を利用します。この関数は平均値と標準偏差を与えると、正規分布関数の値を返してくれます。

画面１　NORM.DIST関数の使い方

MAX　=NORM.DIST(A1,0,1,FALSE)

	A	B	C
1	−3.0	=NORM.DIST(A1,0,1,FALSE)	
2	−2.9	0.005952532	
3	−2.8	0.007915452	
4	−2.7	0.010420935	
5	−2.6	0.013582969	
6	−2.5	0.0175283	
7	−2.4	0.02239453	
8	−2.3	0.028327038	
9	−2.2	0.035474593	
10	−2.1	0.043983596	
11	−2.0	0.053990967	

表１　NORM.DIST関数の書式

NORM.DIST関数	指定した平均値と標準偏差に対する正規分布関数の値を返します。
書式	NORM.DIST(x,平均値,標準偏差,関数形式) x：関数に代入する値を指定します。 平均値：分布の平均を指定します。 標準偏差：分布の標準偏差を指定します。 関数形式：計算に使用する関数の種類を、論理値で指定します。関数形式にTRUEを指定すると累積分布関数の値が計算され、FALSEを指定すると確率密度関数の値が計算されます。
計算式	—
利用データ	ファイル名：第2部第6章.xlsx ／ シート名：正規分布
入力例	セルB1：= NORM.DIST(A1,0,1,FALSE) → 0.004431848

データの範囲を選択して、「おすすめグラフ」機能を選択します（画面２）。

画面２　「おすすめグラフ」機能

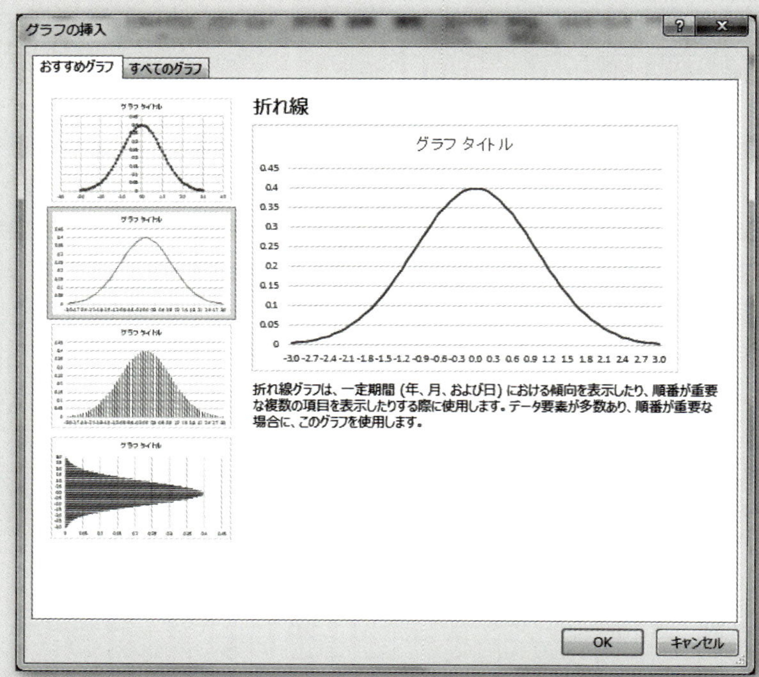

目盛や、タイトルを設定することで以下のように釣鐘型の正規分布図ができあがります（画面３）。

画面３　正規分布図

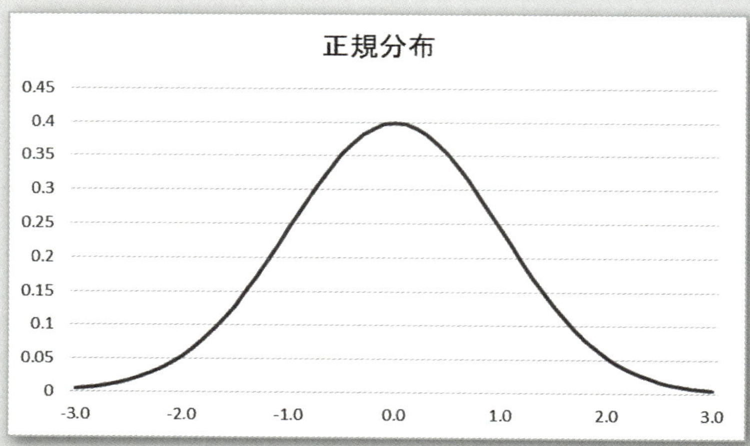

● 累積確率

第１章第２節では、夢楽の来店客数や売上についてのデータを確認し信頼区間を計算しました（表２）。夢楽の来店客数は日次の平均値が92.77人でした。そしてここでは95%の信頼区間を求めました（8.53）。つまり、来店客数は95%の確率で、92.77±8.53、つまり、84.24〜101.3人になるということです。第１部第１章２節のデータを以下に再掲します。

表２　夢楽の月次の来店客数と売上

日付	曜日	来店客数	売上
1日	月曜日	105	72,500
2日	火曜日	79	52,610
30日	火曜日	102	68,360
合計（月次）		2412	1639,050
平均値（日次）		92.77	63,040
標準偏差(STDEV.P)		22.19	15,915
信頼区間		8.53	6,117

ファイル名：第2部第6章.xlsx
シート名：累積確率

店舗にとっては、おおよその来店客数がわかるのは経営をする上で役立ちます。また、材料が足りなくなったり、余ったりするのも怖いものです。そのため、この人数を下回る可能性はどれくらいあるのだろうか、知りたいケースもあります。ここでは累積確率によってその値を求めます。

平均値と標準偏差がわかれば、何%の確率で何人のお客様が来店するかが把握できます。ExcelのNORMINV関数を使うと、約74人以下になる累積確率が20%、約98人から111人になる確率が60%〜80%になるとわかります（表3、画面1、表4）。

表３　NORMINV関数の使い方

下側累積確率p	NORMINV(P,92.77,22.19)
20%	74.09442483
40%	87.14822778
60%	98.39177222
80%	111.4455752

画面 1　NORMINV 関数の使い方

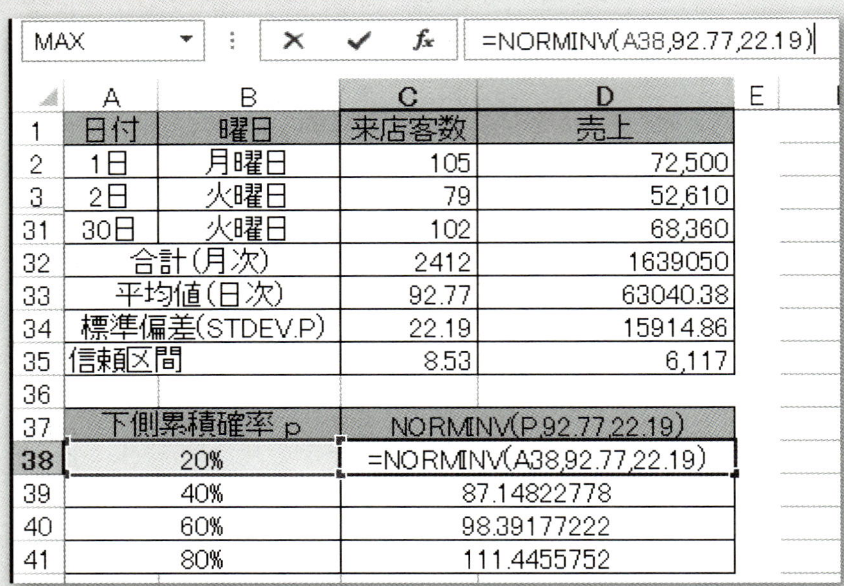

MAX　=NORMINV(A38,92.77,22.19)

	A	B	C	D
1	日付	曜日	来店客数	売上
2	1日	月曜日	105	72,500
3	2日	火曜日	79	52,610
31	30日	火曜日	102	68,360
32	合計(月次)		2412	1639050
33	平均値(日次)		92.77	63040.38
34	標準偏差(STDEV.P)		22.19	15914.86
35	信頼区間		8.53	6,117
36				
37	下側累積確率 p		NORMINV(P,92.77,22.19)	
38	20%		=NORMINV(A38,92.77,22.19)	
39	40%		87.14822778	
40	60%		98.39177222	
41	80%		111.4455752	

表 4　NORMINV 関数の書式

NORMINV 関数	指定した平均値と標準偏差に対する正規累積分布関数の逆関数の値を返します。
書式	NORMINV(確率, 平均値, 標準偏差) 確率 : 正規分布における確率を指定します。 平均値 : 対象となる分布の算術平均を指定します。 標準偏差 : 対象となる分布の標準偏差を指定します。
計算式	—
利用データ	ファイル名 : 第2部第6章.xlsx ／ シート名 : 累積確率
入力例	セルC38 : = NORMINV(A38,92.77,22.19) → 74.09442482 セルC39 : = NORMINV(A39,92.77,22.19) → 87.14822778 セルC40 : = NORMINV(A40,92.77,22.19) → 98.39177222 セルC41 : = NORMINV(A41,92.77,22.19) → 111.4455752

9 パレート図

● 正規分布図を作成する

パレート図は、品質不良の原因や状況を示す項目を分類して、値の大きい順に並べた棒グラフで表し、その累積百分率を折れ線グラフで示した図のことです。品質改善に利用されるQC７つ道具の１つです。多くの場合は、品質不良の大部分はわずかな不良項目が占めているので、問題解決・改善に当たってどの項目が重要かを判断する際に使われます。

夢楽では、作業に時間がかかっているので、どの問題を解決すればどれくらいの効果があるのかを確認するためにパレート図を作成しました。パレート図の作成の手順は以下になります。

(1) 現象を項目ごとに集計し、大きい順に並び替えます。
(2) その順に項目の件数を累計し、全項目合計に対する累積の構成比(%)を算出します。
(3) 項目ごとに件数を棒グラフに、累積構成比を折れ線グラフにマップにします。

それでは、順を追って、パレート図を作成してきます（画面１）。第１章第３節のデータを使用しています。

画面１　パレート図の作成１～おすすめグラフ

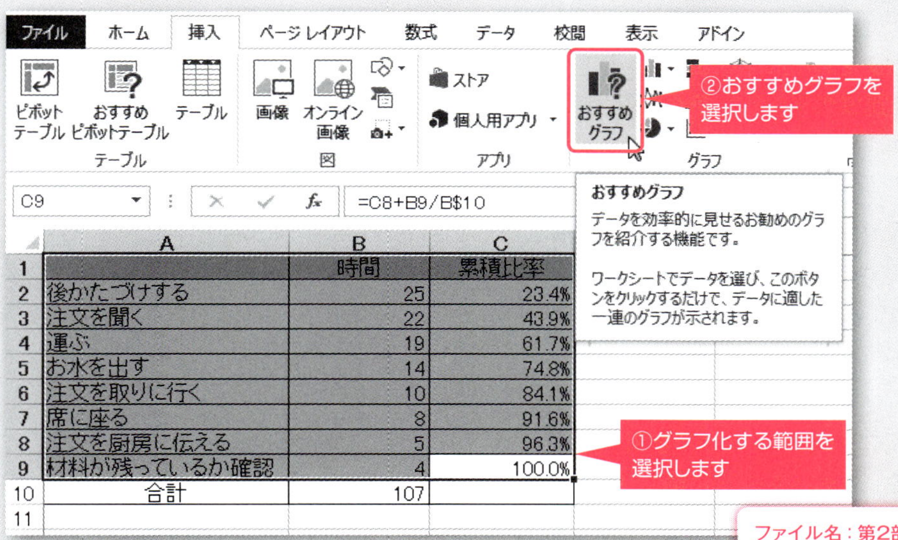

ファイル名：第2部第6章.xlsx
シート名：パレート図

パレート図の特徴である、棒線グラフと折れ線グラフを両方表示していくには、以前は個別に設定する必要がありましたが、Excel 2013からは、「おすすめグラフ」機能で、一気に作成することができます（画面２）。

画面２　パレート図の作成２

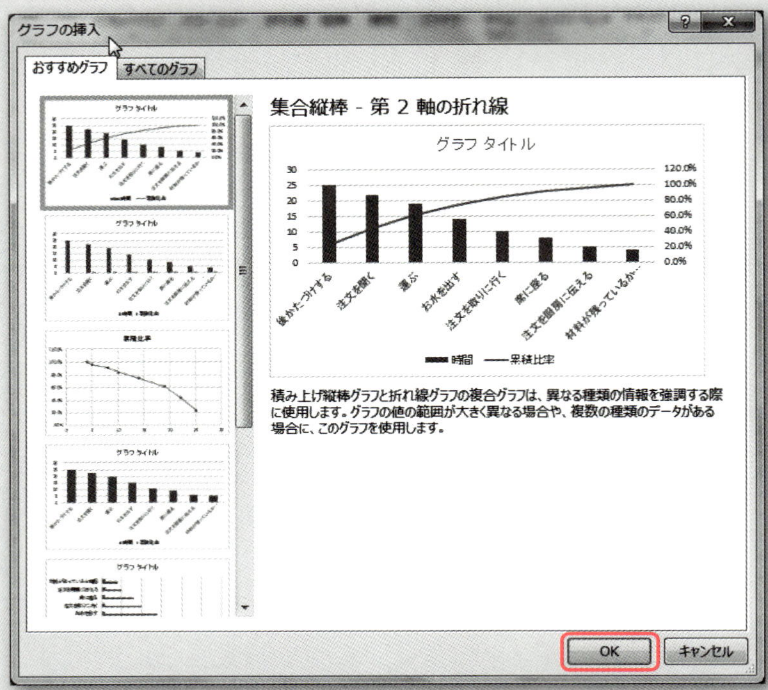

これで、基本的なパレート図の形はできましたが、棒グラフの太さ、目盛の間隔、折れ線グラフの書式など、色々と修正する箇所が出てきます。まずは、棒グラフの太さを、変更します。通常、パレート図では、棒グラフの間隔は詰めて、棒グラフを近接させて表示します。そのため、棒グラフを選択し、“データ系列の書式設定”から、“要素の間隔”を選び、０%に変更します（画面３、４）。

画面3　パレート図の作成3～棒グラフの間隔

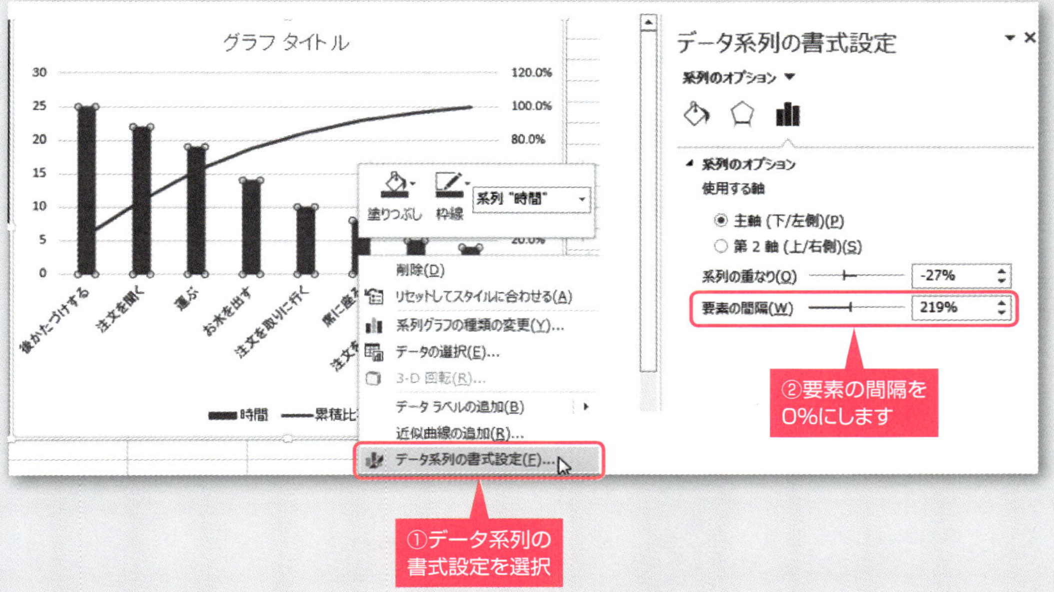

画面4　パレート図の作成4～棒グラフの幅が太くなった

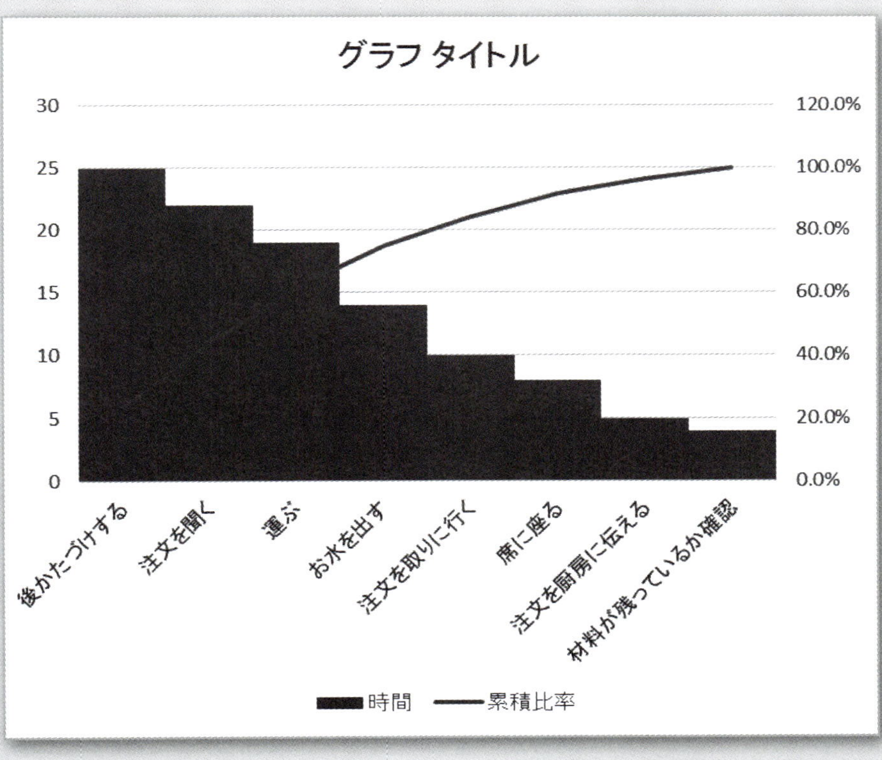

次に、両軸の目盛を調整します。まずは、左側の棒グラフの軸の書式を設定します。

なお、数字の切りが悪いですが、補助線の位置を合わせるために、最大値107（合計の値)、目盛間隔を10分の１の10.7としています（画面５)。

画面５　パレート図作成５～棒グラフ軸の目盛

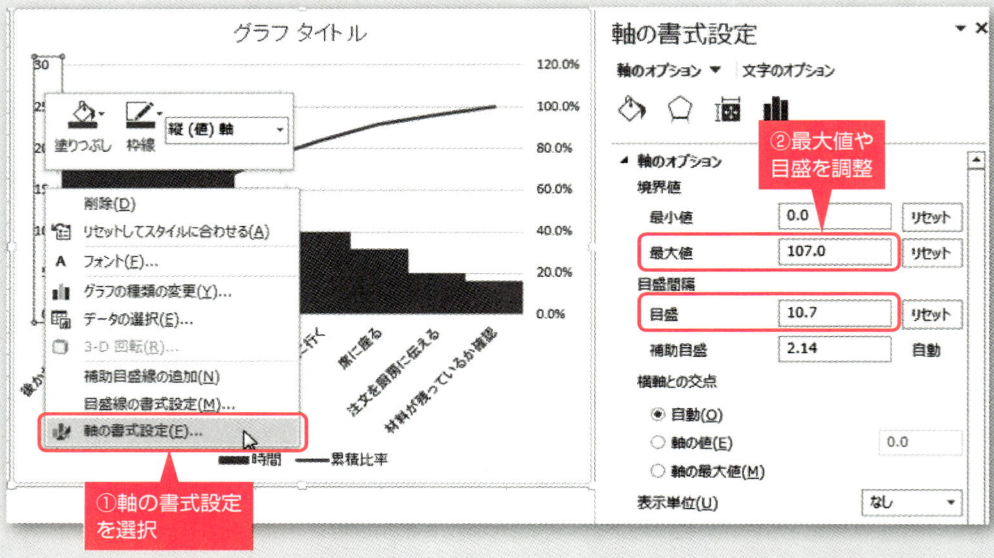

折れ線グラフの最大値は、１(100%)で、目盛は0.1(10%)としました（画面６)。

画面６　パレート図作成６～折れ線グラフ軸の目盛

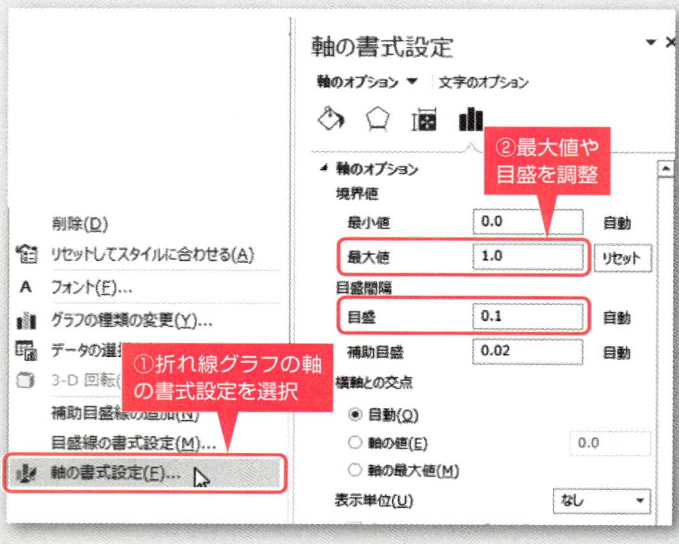

次に、折れ線グラフにマーカーを付けます（画面７、８）。

画面７　パレート図作成７～折れ線グラフのマーカー

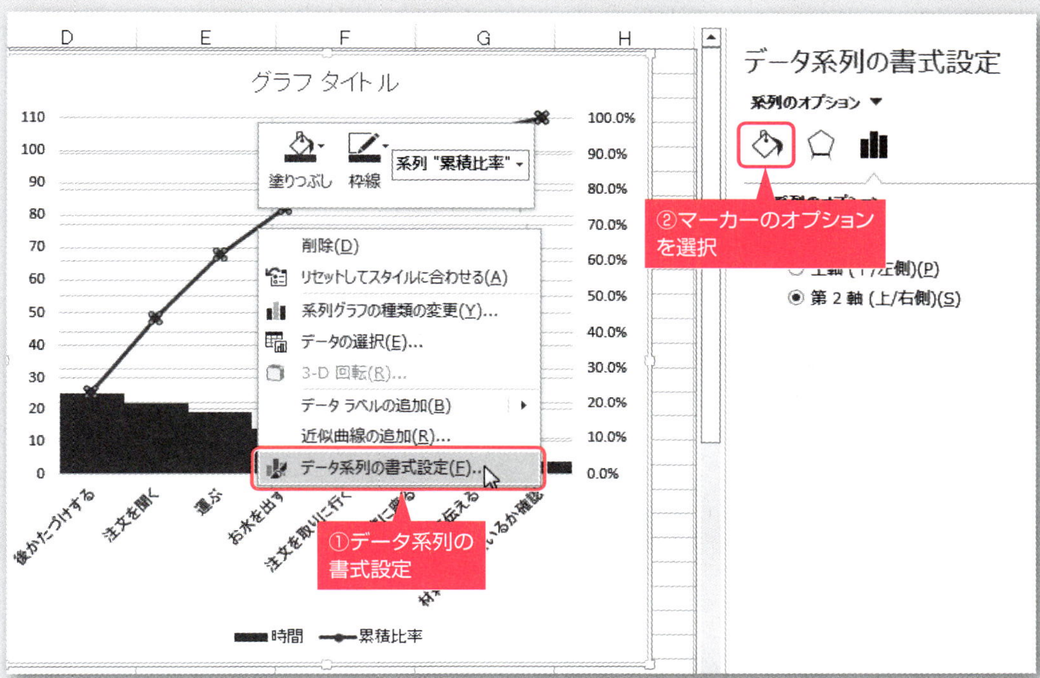

画面８　パレート図作成８～折れ線グラフのマーカーのオプション

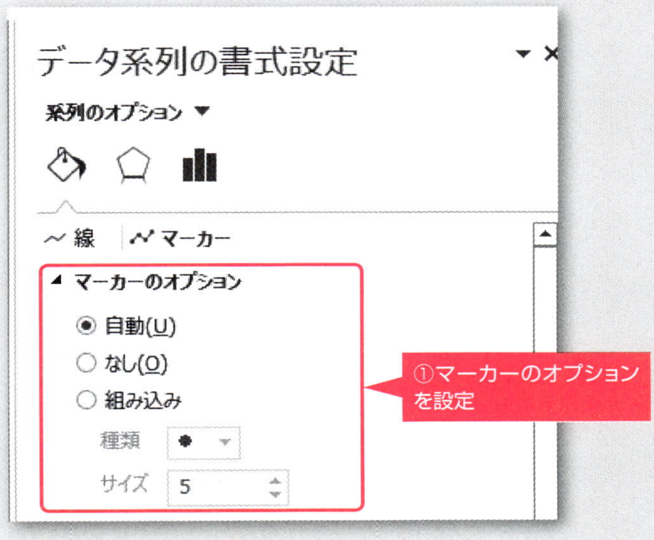

最後にグラフのタイトルをパレート図に変更しました（画面９）。

画面９　パレート図の作成９

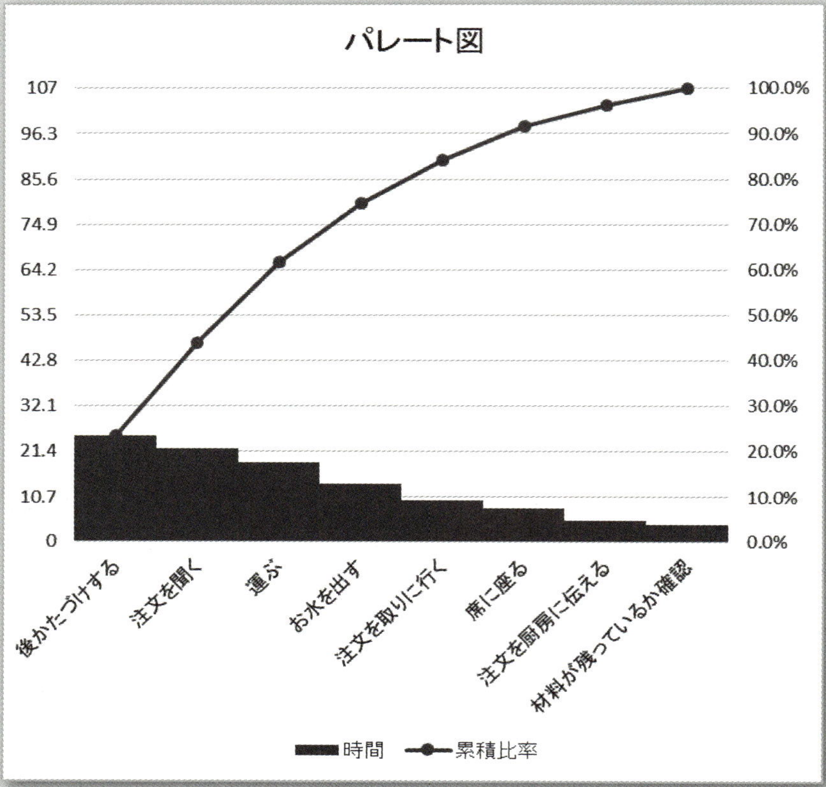

夢楽ではラーメンを出すのに時間がかかっていました。その理由は様々ありますが、影響の大きい項目から対応していく必要があります。

第2部

第 7 章
ある日、強敵が現れた!【操作編】

ここでは、最初に、統計処理に必須なデータ分析ツールの設定の仕方と使い方を確認します。

次に、データの有意性を確かめる検定をExcelで行っていきます。データ数の多い場合に利用できる2標本の平均の検定であるz検定、データ数の少ない場合に利用できる2標本の平均の検定であるt検定、等分散かどうかを判定するF検定などを確認します。

1 データ分析ツールの設定

● データ分析ツールを準備する

本章では、検定の操作を中心に説明します。Excelのデータ分析ツールが必要となります。そのため、データ分析ツールを最初に使えるように設定します。Excel 2013では、以下の手順で分析ツールを設定できます。

- Excelのオプションを開きます（画面１）。
- アドインを選択します（画面２）。
- 管理から、Excelアドインを選択して設定します（画面２）。
- 分析ツールのチェックボックスをONにします（画面３）。

画面１　Excelのオプションをクリック

画面２　アドインからExcelのアドインを設定

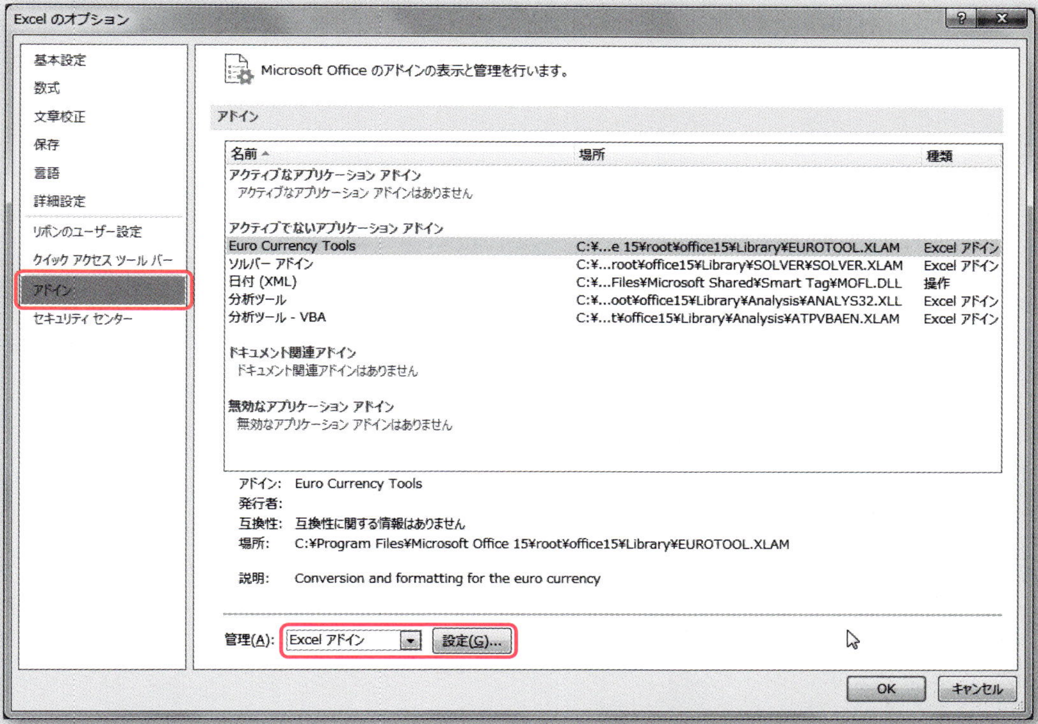

これで、"データ"タブに、"データ分析"のボタンが追加されます。

画面３　分析ツールをチェック

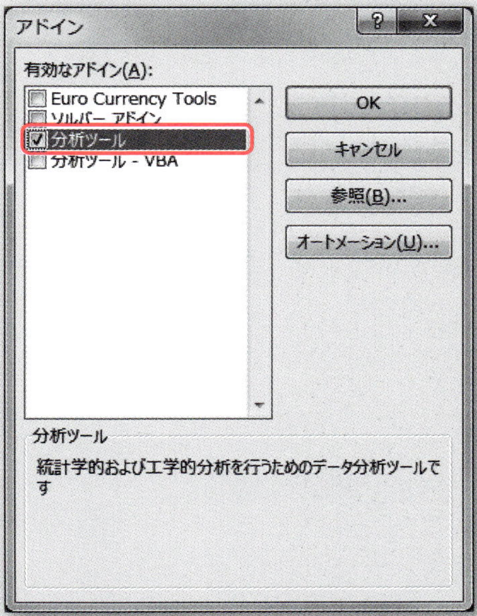

2 z検定

● 分散が既知の場合の平均値の検定

データに本当に差があるのか、誤差の範囲なのかを確かめるために検定を行います。検定にはたくさんの種類がありますが、z検定は、正規分布を用いる検定方法です。第２章第１節では、夢楽の顧客アンケート結果を分析しました。顧客に夢楽への点数をつけてもらい、１年前と今年で比較しました（表１）。平均点を計算すると１年前より６点余り下がっています。この結果が、たまたまなのか、90%以上の確率で起きる事象なのかを判断するためにz検定を実施しました。

なお、一般的にはP.181から記載しているF検定とt検定を実施する方法が用いられますが、ここではサンプルのデータ数が多い場合（約30以上）に近似的に利用できるz検定を行いました。z検定を用いると１回の操作で検定ができるので便利です。

表１　夢楽の点数の2012年７月と2013年７月比較結果

	2012年7月	2013年7月
No	1年前	今年
平均	76.1	69.825
分散	350.19	221.23
標準偏差	18.71	14.87

検定はデータ分析ツールによって行います。「データ」→「データ分析」をクリックして、データ分析ツールを起動します（画面１）。

画面１　データ分析ツールの起動

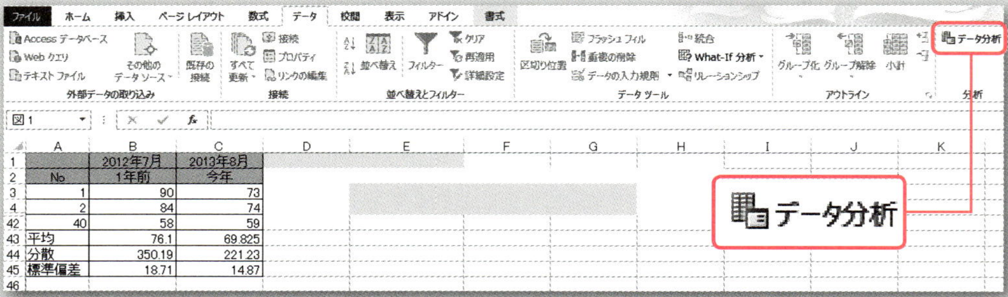

今回は、z検定を実施するため、"z検定：2標本による平均の検定"を選択します（画面2）。

画面2　z検定の分析ツールを選択

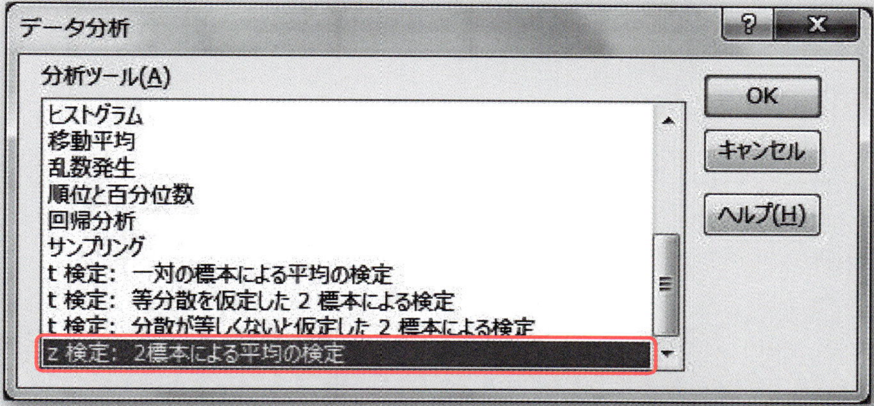

z検定の分析ツールが立ち上がったら、パラメータを設定していきます。

画面3の内容を設定していきます。

画面3の①で入力元の変数の範囲を設定します。今回は、夢楽の1年前と今年のデータ（第2章1節）の入っているセルを指定します。

なお、データラベル（「1年前」と「今年のデータ」）を含んで指定する場合は、③のラベルの項目をチェックするのを忘れないようにしてください。

次に、②で分散を設定します。分散は、①の入力範囲から、分析ツールによって自動で計算できそうですが、z検定の分析ツールでは別途計算して入力する必要があります。

今回は前述のように事前に、VAR.S(B3:B42)＝350.19とVAR.S(C3:C42)＝221.23と計算済みですので、この値を転記します。

そして、④にて有意水準を設定します。今回は0.1を設定していますので、90%で判定することになります。なお、95%で検定したい場合は、0.05を設定します。

最後に、⑤で結果の出力先を設定します。デフォルトは新規ワークシートになっていますので、そのまま実行すると、新しいワークシートに出力されます。ここでは、同一シート内に出力するために$E$2を設定しました。

【注】不偏分散のVAR関数は、Excel 2010よりVAR.S関数となりました。標本分散のVARP関数は、Excel 2010よりVAR.P関数となりました。Excel 2013でも両方の関数が使えますが、できる限り新しい関数を使うようにしましょう。なお、標準偏差についてもSTDEV関数がExcel 2010よりSTDEV.S関数となり、STDEVP関数がSTDEV.P関数となりました。

データ分析ツール	z検定：2標本による平均の検定
利用データ	ファイル名：第1部第7章.xlsx ／ シート名：Z検定
入力例	変数1の入力範囲(1)：$B$2:$B$42 変数2の入力範囲(2)：$C$2:$C$42 変数1の分散(既知)(V)：350.19 変数2の分散(既知)(V)：221.23 ラベル：チェック α(A)：0.1 出力先(Q)：$E$2

画面3　z検定のパラメータ設定

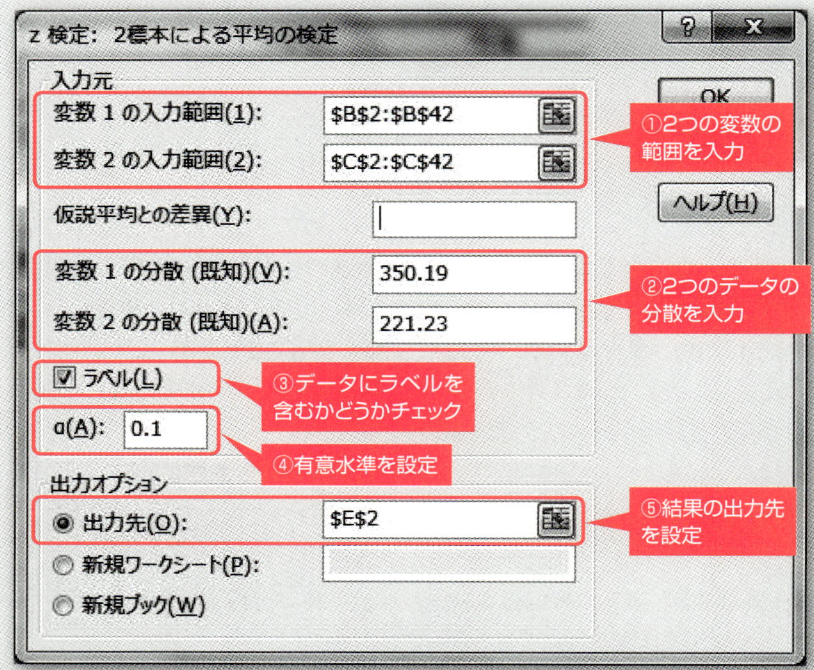

上記パラメータで［OK］をクリックするとz検定の結果が出力されます（画面4、表2）。

画面４　z検定の実施結果

z-検定: 2 標本による平均の検定		
	1年前	今年
平均	76.1	69.825
既知の分散	350.19	221.23
観測数	40	40
仮説平均との差異	0	
z	1.660221399	
P(Z<=z) 片側	0.048434961	
z 境界値 片側	1.281551566	
P(Z<=z) 両側	0.096869921	< α (0.1)
z 境界値 両側	1.644853627	
	↑	↑
	2012年7月	2013年7月

αよりも小さいため帰無仮説が棄却され、対立仮説が採用されます

表２　z検定の実施結果の項目

平均	各標本の平均です。
既知の分散	変数1/2で指定した分散です。
観測数	各標本のデータ数です。
仮説平均との差異	パラメータで設定した、仮説平均との差異です。
z	z検定統計量です。
P(Z<=z) 片側	片側検定を行ったときのP値となります。指定したα（有意水準）よりも、片側P値が小さい場合、帰無仮説が棄却され、対立仮説が採択されます。
P(Z<=z) 両側	両側検定を行ったときのP値となります。指定したα（有意水準）よりも、両側P値が小さい場合、帰無仮説が棄却され、対立仮説が採択されます。

ここで、改めてz検定で、何を検定したかったのか、確認していきます（図１）。１年前と今年の夢楽の顧客アンケートの点数の平均点に差がありました。これがたまたまか、そうでないのかを調べたかったわけです。しかし、差があるのかどうかを調べるのは難しいものです。大きな差がある場合、中程度の差がある場合、少しの差がある場合と色んなパターンが考えられるからです。そのため、帰無仮説を立案します。差がないと仮説を立てるのです。

帰無仮説：

「夢楽の顧客アンケートの点数の結果は１年前と今年で平均点には差がない」

この仮説が成り立つかどうかをz検定で確認しました。

P(Z<=z) 両側 ≒0.097 ＜ α (0.1) となりました。

平均点に差がないという仮説が発生する確率は10%未満、すなわち100回やって10回未満ということです。

逆に言うと、100回やって、90%以上の確率で差があるということがわかりました。そのため、帰無仮説は却下されることになります。結論としては、「夢楽の顧客アンケートの点数の結果は１年前と今年で平均点には差がある」、今回は点数が下がっていますので、１年前に比べて、今年は、顧客の評価が下がっているということが言えるのです。

図１　z検定の流れ

【検定で確かめたいこと】
夢楽の１年前と今年の顧客アンケートの点数に差があるのか知りたい。

↓

【帰無仮説】
夢楽の１年前と今年の顧客アンケートの点数には差がない。

↓

【z検定の結果】
P(Z<=z) 両側：0.097<α(0.1)
帰無仮説が起きる可能性は10%未満である。
つまり、帰無仮説は却下される。

↓

【結論】
夢楽の１年前と今年の顧客アンケートの点数には差がある。
つまり今年になってお客さまの夢楽への評価は下がった。

なお、片側検定と両側検定の違いについて、ここで触れておきます（図２）。

図２　片側検定と両側検定の違い

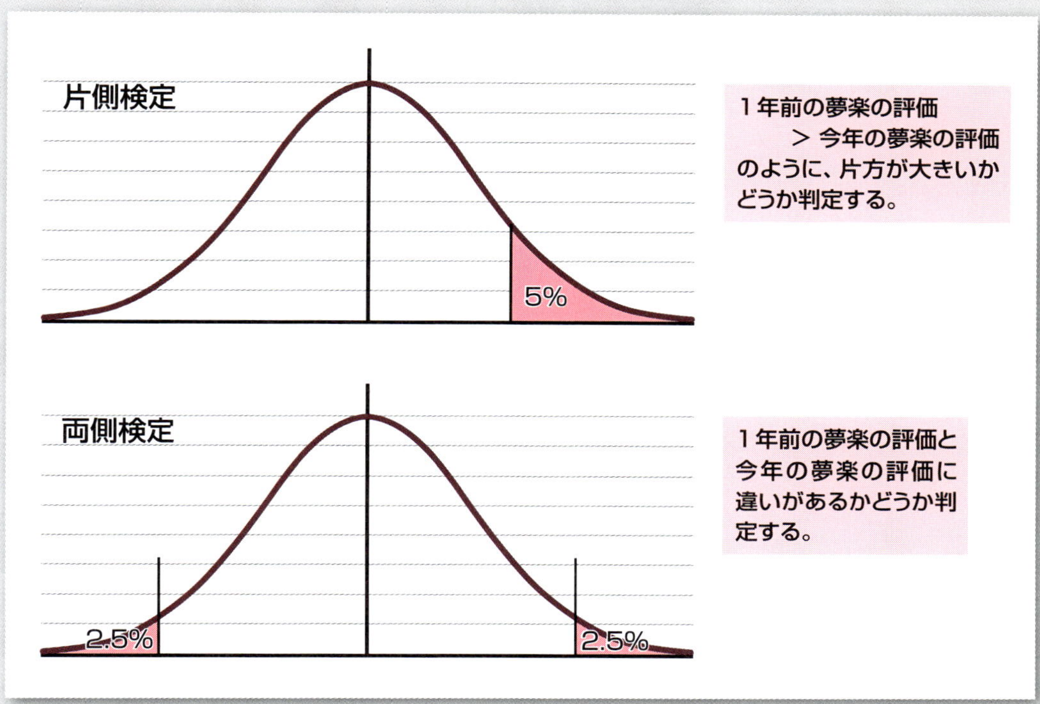
片側検定
1年前の夢楽の評価
＞今年の夢楽の評価
のように、片方が大きいかどうか判定する。
5%
両側検定
1年前の夢楽の評価と今年の夢楽の評価に違いがあるかどうか判定する。
2.5%
2.5%

調べたい検定の帰無仮説の立て方によって片側検定にするか両側検定にするかが決まってきます。「１年前の夢楽の評価が今年の夢楽の評価より高い」のように、片方が大きいかどうか判定する場合は片側検定です。「１年前の夢楽の評価と今年の夢楽の評価に違いかあるかどうか」判定する場合は、両側検定となります。

ただし、実際には、夢楽は味一よりおいしいという確かな理由がある場合以外は、両側検定を用います（味一が夢楽よりおいしい可能性もあるので）。

なお、片側検定は片側のみで10％で、両側検定では片側で５％ずつとなります。そのため、片側検定の方が有意差は出やすくなります（両側検定の方が厳しくチェックすることになります）。

3 t 検定 ～対応のあるデータ

● 一対のデータの平均値の検定

２つのデータの平均値の検定の１つに t 検定があります。 t 検定にはいくつか種類がありますが、ここでは、“一対の標本による t 検定”を利用します（画面１）。同じ標本に対する前後の状態の違いを検定するものです。

今回は、夢楽の味一のおいしさの調査について、同一の人が両店を訪問して実施しています。そのため、一対の標本になるわけです。第２章第３節 t 検定のデータを使用します。

画面１　t 検定の分析ツールの立ち上げ

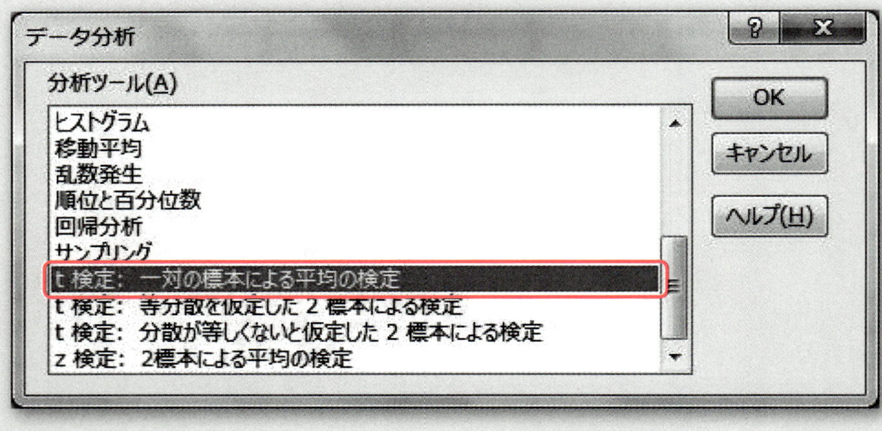

t 検定の分析ツールが立ち上がったら、パラメータを設定していきます。

画面２の①入力元の変数の範囲を設定します。夢楽と味一のデータの入っているセルを指定します。なお、データラベル（「夢楽」と「味一」）を含んで指定する場合は、②ラベルの項目をチェックするのを忘れないようにしてください。

そして、③にて有意水準を設定します。今回は0.1を設定していますので、90%で判定することになります。なお、99%で判定したい場合は、0.01を設定します。

最後に、④で結果の出力先を設定します。デフォルトは新規ワークシートになっていますので、そのまま実行すると、新しいワークシートに出力されます。ここでは、同一シート内に出力するために $E$2を設定しました（画面３、表１）。

データ分析ツール	t検定：一対の標本による平均の検定
利用データ	ファイル名：第2部第7章.xlsx ／ シート名：t検定
入力例	変数1の入力範囲(1)：$B$1:$B$11 変数2の入力範囲(2)：$C$1:$C$11 ラベル：チェック α(A)：0.1 出力先(Q)：$E$2

画面2　t検定のパラメータの設定

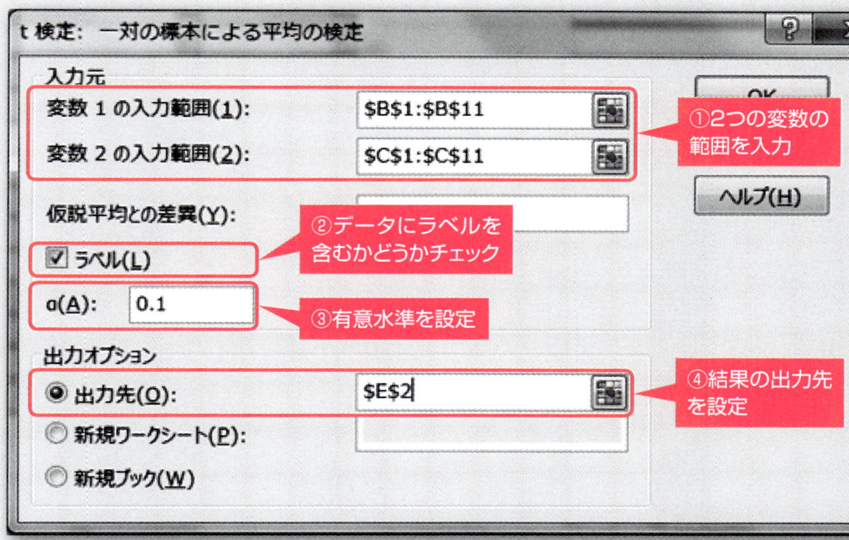

画面3　t検定の実施結果

t-検定: 一対の標本による平均の検定ツール		
	夢楽	味一
平均	7	6.4
分散	4.222222222	0.933333333
観測数	10	10
ピアソン相関	-0.503745371	
仮説平均との差異	0	
自由度	9	
t	0.709299366	
P(T<=t) 片側	0.248050778	
t 境界値 片側	1.383028738	
P(T<=t) 両側	0.496101556	＞α(0.1)
t 境界値 両側	1.833112933	

αよりも大きいため帰無仮説が棄却されません

表1　t検定の実施結果の項目

平均	各標本の平均です。AVERAGE関数で求まります。
分散	各標本の分散です。VAR.S関数で求まります。
観測数	各標本のデータ数です。COUNT関数で求まります。
ピアソン相関	ピアソンの相関係数です。PEARSON関数で求まります。
仮説平均との差異	パラメータで設定した、仮説平均との差異です。
自由度	観測数がnとすると、n−1です。COUNT関数で求まります。
t	検定統計量t値です。
P(T<=t) 片側	片側検定を行ったときのP値となります。指定したα（有意水準）よりも、片側P値が小さい場合、帰無仮説が棄却され、対立仮説が採択されます。
P(T<=t) 両側	両側検定を行ったときのP値となります。指定したα（有意水準）よりも、両側P値が小さい場合、帰無仮説が棄却され、対立仮説が採択されます。

t検定の流れは、第1部第2章に記載していますので、確認ください。

今回は、夢楽の平均点が7.0、味一の平均点が6.4でした。平均点だけを見ていると、これで、夢楽の方が、味一よりおいしいと言えそうですが、t検定をしたところ、帰無仮説「夢楽のおいしさの平均点と味一のおいしさ平均点に差がない」は棄却されませんでした（片側検定でも両側検定でも棄却されていません）。

夢楽と味一のおいしさには90%以上の確率で差があるとは言えない、つまり差がないということがわかったわけです。

4 F検定

● 等分散かどうかを検定する

第２章では、夢楽と味一のおいしさの評価に、一対の標本によるｔ検定を行いました。同じ10人の評価者が夢楽と味一の両店に行って、ラーメンを食べて評価しました。これがデータに対応があるという状態です。

しかし、実際にアンケートを採る場合に、常に対応のあるデータが取れるとは限りません。各店に行って、ラーメンを食べたのが別の人の場合のアンケートデータもあるでしょう。この場合は、「データに対応がない」ということになります。そして、両店のデータが等分散であるかどうかを確認するＦ検定を行った後に、ｔ検定を実施して、平均点に有意差があるかどうかを確認します（図1、2、画面１）。

図１　２組のデータの平均値比較でどの検定を利用するか？

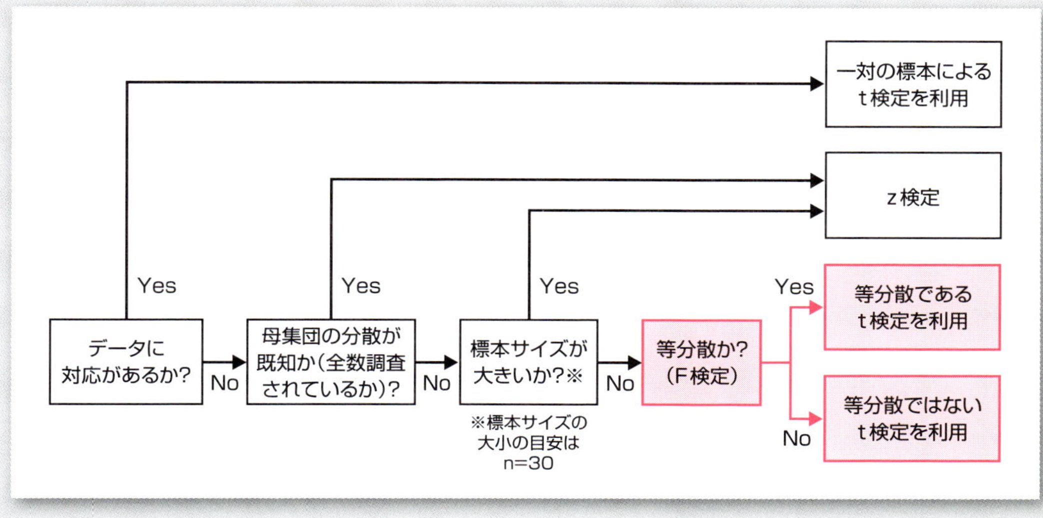

図2　2組のデータでも内容により実施する検定が異なる

美味しさ	夢楽	味一
No1さん	10	6
No2さん	8	7
No3さん	6	5
No4さん	9	6
No5さん	7	7
No6さん	4	8
No7さん	4	7
No8さん	6	6
No9さん	7	7
No10さん	9	5
合計(SUM)	70	64
平均値(AVERAGE)	7.0	6.4
分散(VAR.P)	3.8	0.84
標準偏差(STDEV.P)	1.95	0.92

データに対応がある（一対である）

t検定：一対の標本による平均の検定

評価者	夢楽	評価者	味一
No1さん	10	No11さん	9
No2さん	8	No12さん	7
No3さん	6	No13さん	3
No4さん	9	No14さん	6
No5さん	7	No15さん	7
No6さん	4	No16さん	8
No7さん	4	No17さん	7
No8さん	6	No18さん	6
No9さん	7	No19さん	7
No10さん	9	No20さん	7
合計(SUM)	70		67
平均値(AVERAGE)	7.0		6.7
分散(VAR.P)	3.8		2.21
標準偏差(STDEV.P)	1.95		1.49

データに対応がない

F検定：2標本を使った分散の検定

F検定の結果、等分散である

t検定：等分散を仮定した2標本による検定

画面1　F検定の分析ツール立ち上げ

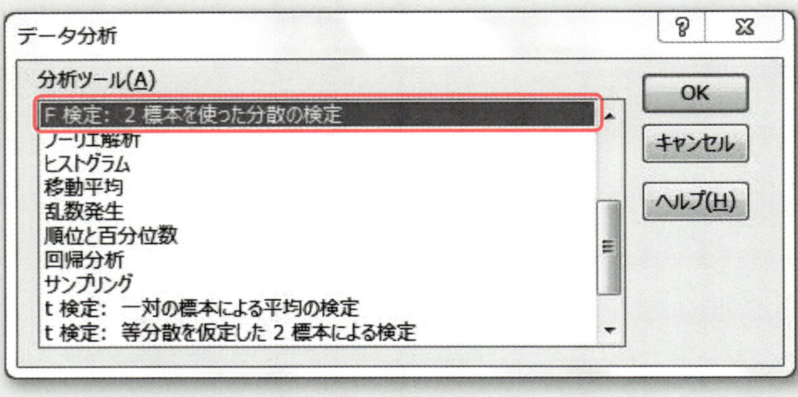

前述のz検定、ｔ検定と同様にパラメータを設定します（画面２）。

データ分析ツール	F検定：2標本を使った分散の検定
利用データ	ファイル名：第2部第7章.xlsx ／ シート名：F検定
入力例	変数1の入力範囲(1)：$B$1:$B$11 変数2の入力範囲(2)：$D$1:$D$11 ラベル：チェック α(A)：0.05 出力先(Q)：$F$2

画面２　F検定のパラメータ設定

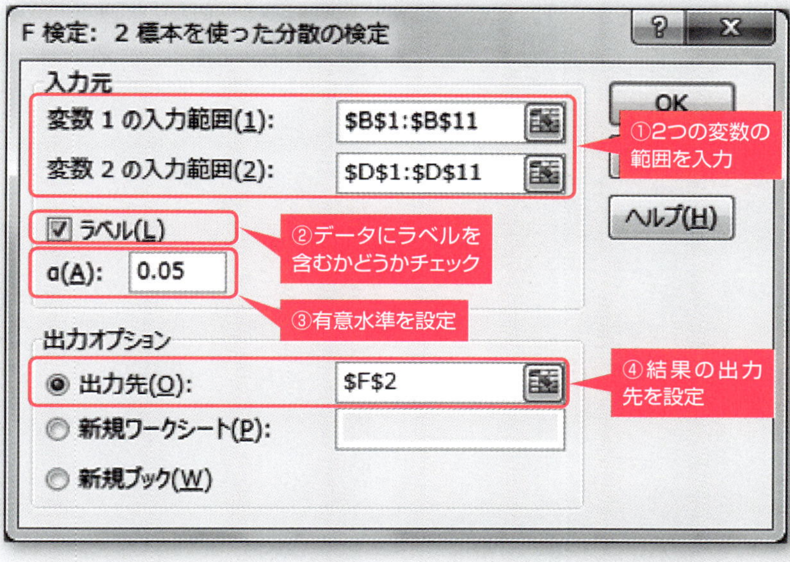

実施結果の、P(F<=f) 片側 ≒ 0.216は、有意水準の0.05より大きくなっています（画面３）。そのため、２つの変数の分散に95%以上の確率で違いがないということになります。つまり等分散と言えます。なお、F値には片側検定しかありませんので（実質的に両側検定の意味をもちます）、ここでは片側検定のP値を確認しています。

画面３　F検定の実施結果

F-検定: 2 標本を使った分散の検定		
	夢楽	味一
平均	7	6.7
分散	4.222222222	2.455555556
観測数	10	10
自由度	9	9
観測された分散比	1.719457014	
P(F<=f) 片側	0.215886385	＞α (0.05)
F 境界値 片側	3.178893104	

αよりも大きいため帰無仮説が棄却されません。（有意ではない）つまり等分散である

5 t 検定 ～対応のない、等分散データ

● 別々の人のアンケートデータを検定する

F 検定の結果、今回のアンケートデータは対応のない等分散のデータであることがわかりました。そこで、分析ツールでは「t 検定：等分散を仮定した 2 標本による検定」を選択します（画面1、2）。

画面 1　t 検定の分析ツール立ち上げ

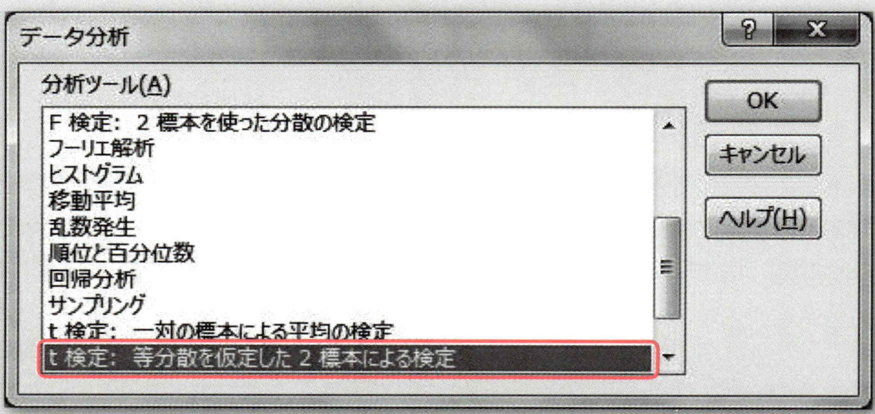

データ分析ツール	t検定：等分散の仮定した2標本による検定
利用データ	ファイル名：第2部第7章.xlsx ／ シート名：F検定
入力例	変数1の入力範囲(1)：$B$1:$B$11 変数2の入力範囲(2)：$D$1:$D$11 ラベル：チェック α(A)：0.05 出力先(Q)：$F$17

画面２　t 検定のパラメータ設定

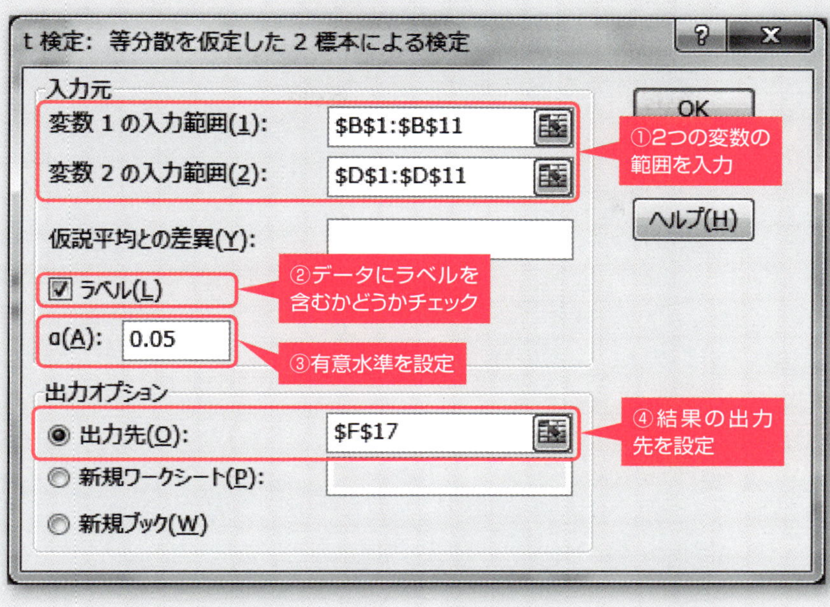

t 検定を実施した結果、P(T<=t) 両側≒0.718となり、有意水準の0.05より値が大きくなりました（画面３）。帰無仮説「夢楽と味一の間のおいしさに差がない」は棄却されず、やはり、夢楽と味一の間には差がないということになります。

画面３　t 検定の実施結果

t-検定: 等分散を仮定した２標本による検定		
	夢楽	味一
平均	7	6.7
分散	4.222222222	2.455555556
観測数	10	10
プールされた分散	3.338888889	
仮説平均との差異	0	
自由度	18	
t	0.367117657	
P(T<=t) 片側	0.358905891	
t 境界値 片側	1.734063607	
P(T<=t) 両側	0.717811783	＞α (0.05)
t 境界値 両側	2.10092204	

αよりも大きいため帰無仮説が棄却されません。（有意ではない）つまり美味しさに差がない

第2部

第8章 うちのお店を考え直す!【操作編】

本章では、売上に影響する天候などの公開データの入手方法、全体の売上分布を見るための散布図、回帰直線（または曲線）の作成の操作を確認します。また、売上を複数の説明変数で説明する式（予測式）を作成するための、回帰分析の操作方法を学習します。分析のための季節変動やトレンドのデータの作成など、データ分析のための準備についても学習します。

1 気温はラーメンの売上にどれだけ影響を与えたか?

● 気温データの入手方法

本書で引用した気温等のデータは、下記の気象庁URLからダウンロードできます。なお、画面表示は割愛しましたが、主要操作を簡単に記述しました。しかし、本書で用いるデータについては、以下の散布図の作り方の「利用データ」のファイルに格納していますので、そちらのデータをお使いください。本章の「平均気温」「最高気温」「降水量の合計」は気象庁のデータを使用しています。

http://www.data.jma.go.jp/gmd/risk/obsdl/index.php

(例) 東京都　東京の地点のデータをダウンロードする場合

「地点を選ぶ」のメニューで「東京」を指定します。次に「項目を選ぶ」のメニューの「データの種類」で「月別値」を、「過去の平均値と比較オプション」で「前年までの2年平均」、「気温」で「月平均気温」をチェックします。次に「期間を選ぶ」のメニューに切り替えます。そして、「2010年4月から2013年10月〜」と年月を指定し、「CSVファイルをダウンロード」をクリックします。するとダウンロードが開始されます (2014年6月時点のホームページにて)。

気温以外にも、天気 (雲量)、湿度などのデータを入手することができます。

● 散布図の作り方

散布図を作成することによって、データの関係を視覚的に見ることができます。

利用データ	ファイル名:第2部第8章.xlsx シート名　:3-1温度

散布図で利用するデータの入っているシート名「3-1温度」のセルD2:E38を選択します。挿入タブの中にある散布図ボタンをクリックし、散布図をクリックします (画面1)。

画面１　散布図をクリック

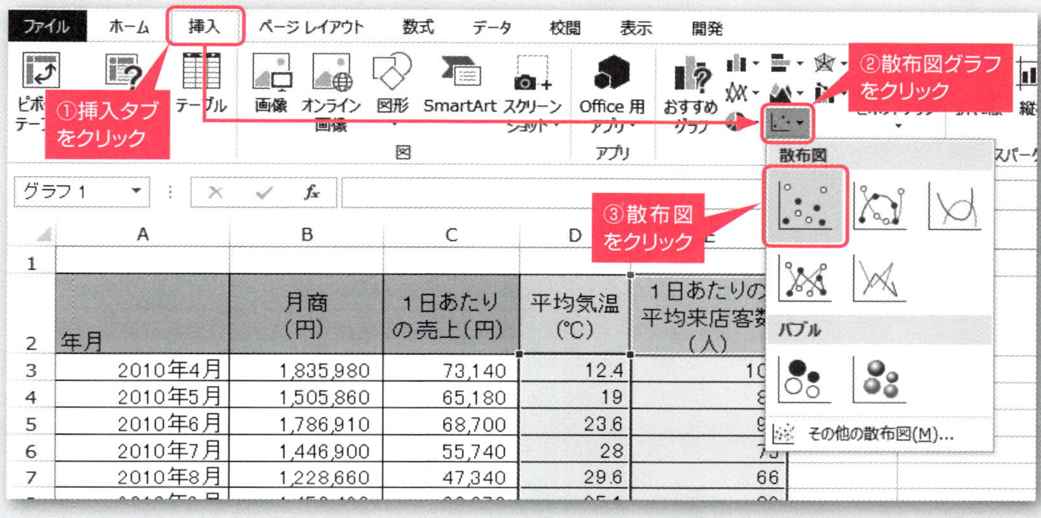

次に、散布図に必要な情報を表示させます（画面２）。

グラフをクリックして、右上にある＋をクリックすると、グラフ要素として、「軸」「軸ラベル」「グラフタイトル」「目盛り線」をチェックします。最後に、「近似曲線のその他のオプション」を選択します。

画面２　散布図に必要な情報を表示させる

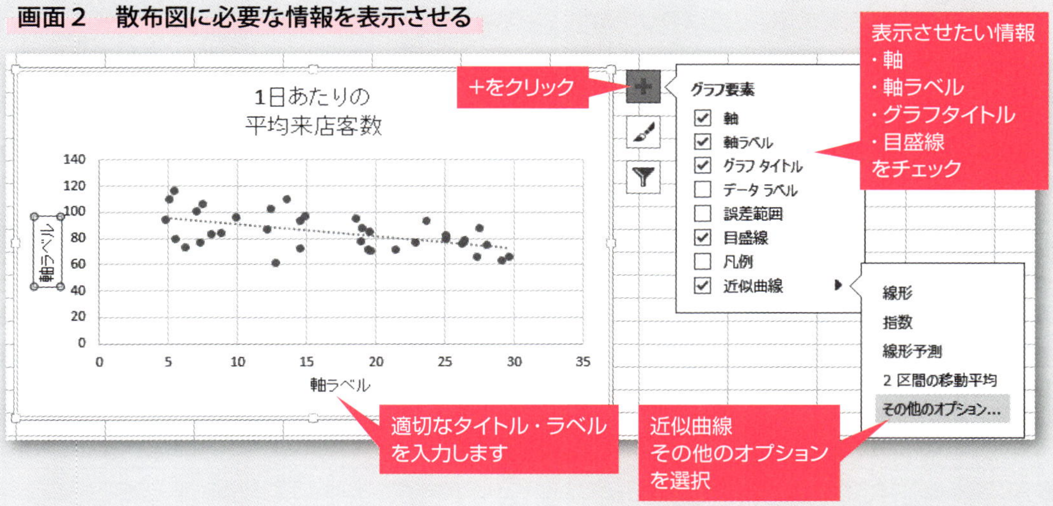

● 回帰曲線の作り方

近似曲線のその他のオプションを選択すると、画面の右側に「近似曲線の書式設定」が表示されます。

近似曲線のオプションは「線形近似」を選択します。

「グラフに数式を表示する」を選択します（画面３）。必要があれば、「グラフにR-2乗値を表示する」を選択します。

散布図の点の範囲を変えたい場合には、軸の範囲を設定します。縦軸の数字をクリックします（画面４）。

軸の書式設定の中にある軸オプションをクリックし、境界値の最小値、最大値を入力します。

画面３　「グラフに数式を表示する」を選択

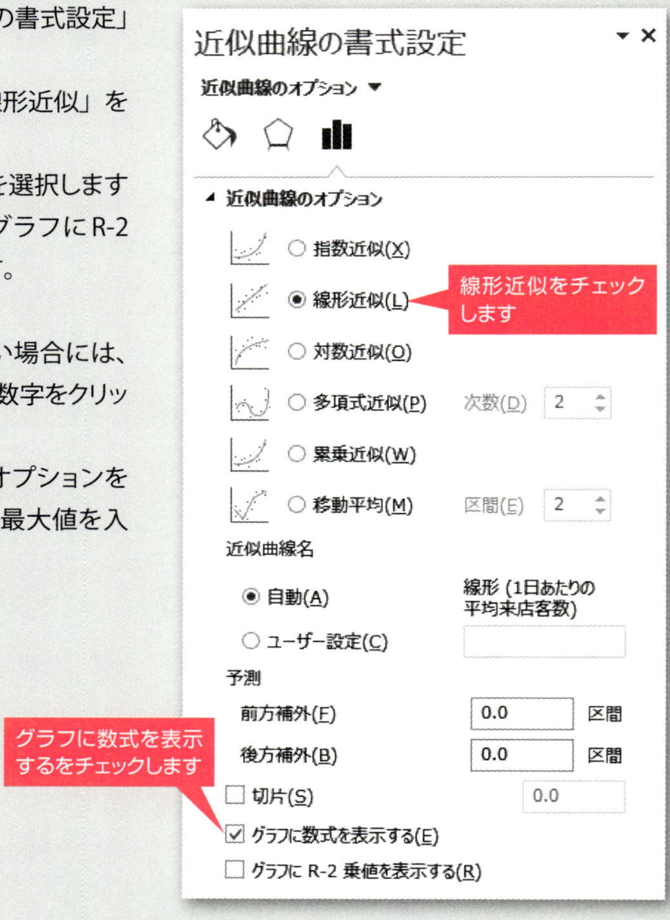

画面４　散布図の設定

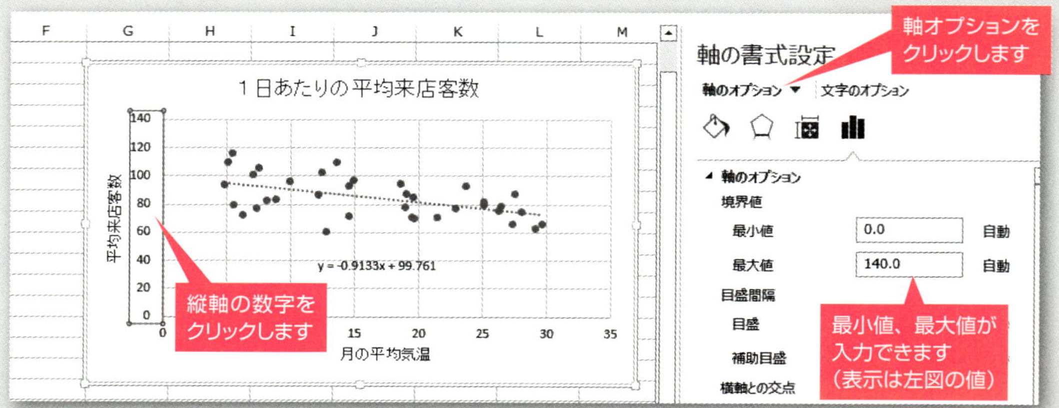

縦軸と同様に、横軸も設定します（画面５）。

画面５　横軸の設定

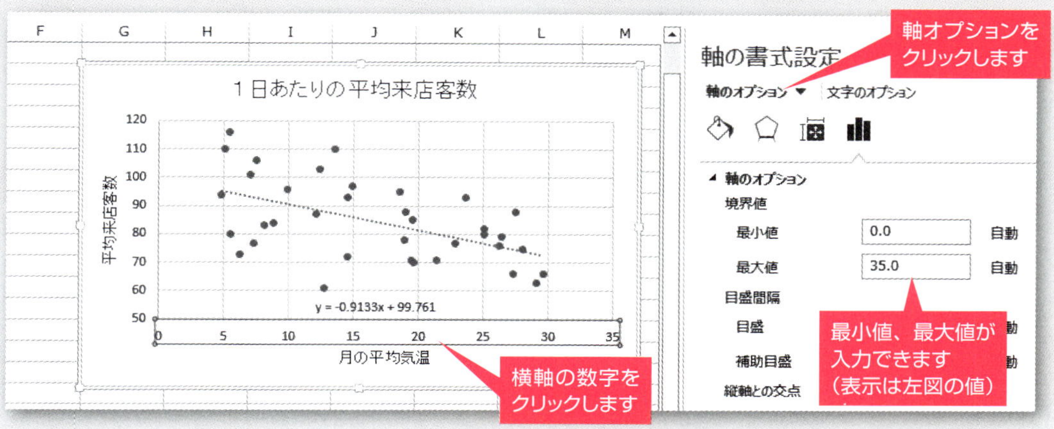

数式の位置を見やすい場所に移動させます（画面６）。

画面６　数式の位置を移動

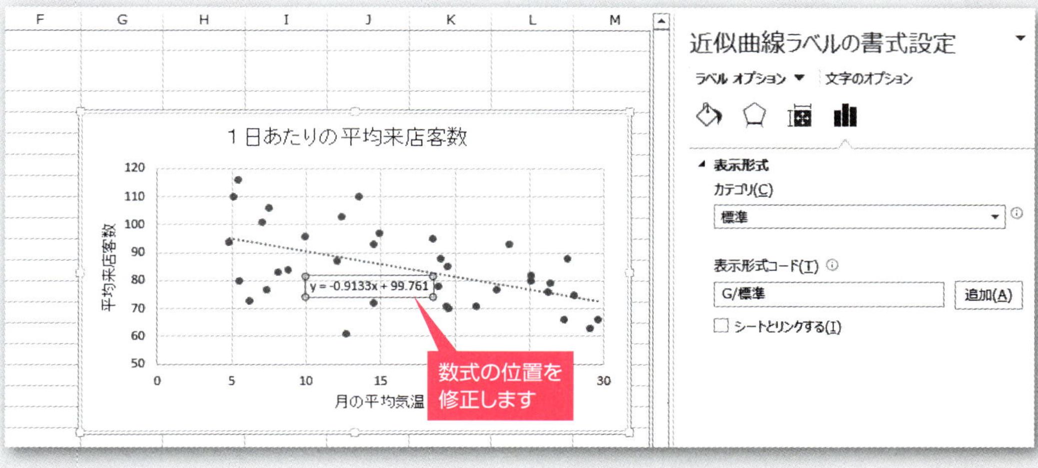

なお、グラフのタイトルをクリックして、タイトル名をわかりやすく変更します。
最終的には、次の画面のようになります（画面７）。

画面7　調整後の散布図

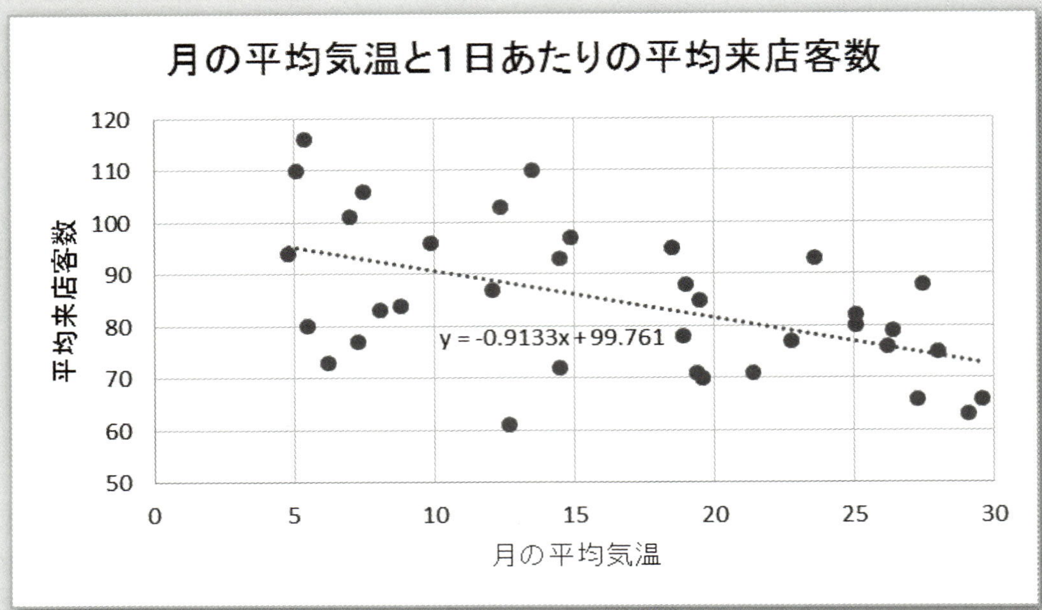

● 回帰分析を行う

回帰分析結果で表示される用語について、あらかじめ表１、２にまとめました。結果表示の時にこの２つの表を見直してください。

表１　回帰統計

重相関 R	重相関係数と呼ばれます。−1〜1の値をとり、説明変数と目的変数の間の関係の強さを示します（絶対値が1に近いほど関係性が強い）。説明変数が1つの場合には、相関係数と同じになります。
重決定 R2	重決定係数と呼ばれます。寄与率とも呼ばれます。重相関 R（重相関係数）を2乗した値が重決定係数です。データ全体の何%を説明しているのかを示しており、1（=100%）ならば、説明変数が目的変数を100%説明していることになります。
補正 R2	自由度調整済み決定係数（自由度調整済み寄与率）のことです。説明変数が多くなるほど、重決定R2（重決定係数）は1に近づく傾向があるため、説明変数の数の影響を受けないようにR2を調整した値です。
標準誤差	各データと回帰式との差（残差）についての標準偏差です。これが小さい方があてはまりが良く説明力があります。ただし本書では、説明力の指標としては補正R2を用いています。
観測数	データ数を示しています。

表2　分散分析表

自由度	自由に選べる説明変数の数を示しています。他の変数が決まると、別な変数が決まるという変数の数です。
変動	標準偏差を標本平均で割ったものです。標本平均で割ることにより、データの大きさ単位を揃えることができますので、他のデータと比較することができます。
分散	データのばらつきの大きさを示しています。標準偏差は分散の平方根です。分散は各データと平均との差を2乗しているため、単位をそのまま使うことができません。一方、標準偏差は、データと同じ単位になっています。単位を使いたい場合には、標準偏差を使うことになります。
観測された分散比	回帰の分散を残差の分散で割ったF値のことです。有意Ｆにおける仮説検定を用いるために使用する値となります。
有意 F	回帰と残差の自由度による観測された分散比のＦ検定の値です。抽出されたデータが母集団と同じような分布であるかを確認するために用います。これが有意でなければデータから回帰式を求めても、そのデータが偏っているので意味がなくなりますので、ぜひ確認してください。 有意水準95％の場合には、以下のように判断します。 有意Ｆ＞0.05 ⇒ 回帰式は有効ではない 有意Ｆ≦0.05 ⇒ 回帰式は有効である
回帰	回帰式についての項目です。 （自由度）独立変数の個数 （変　動）予測値の偏差平方和 （分　散）回帰の変動÷回帰の自由度
残差	各データと回帰式との差（残差）についての項目です。 （自由度）データ数−1−独立変数の個数 （変　動）残差の偏差平方和（回帰式で説明されない部分変動） （分　散）残差の変動÷残差の自由度
合計	全データ（つまり回帰式と残差の両方）についての項目です。 （自由度）データ数−1 （変　動）Ｙ軸の偏差平方和
係数	回帰分析によって求められた推定係数のことです。
標準誤差	推定係数の標準誤差です。
t	推定係数のt値のことです。目的変数に対するそれぞれの説明変数の影響度を示します。理論上は、−∞〜∞までの値をとります。0から離れるほど影響度が大きいことになりますので、t値の絶対値が大きいほど影響度が大きいことになります。t 値＝係数÷標準誤差、という関係式になっています。
P-値	「説明変数による目的変数の説明が偶然である」という仮説が誤りである確率を示しています。よって、この数値が小さいほど、「偶然ではない」ということを示すことになります。
下限 95%	95％の信頼係数であり、真の係数の値がありそうな範囲の信頼区間下限を示しています。
上限 95%	95％の信頼係数であり、真の係数の値がありそうな範囲の信頼区間上限を示しています。真の係数の値は、95％の信頼係数で下限95％の値から上限95％の値の中にあることを示しています。

下限 95.0%	回帰分析を行うときに、分析の条件設定画面で有意水準（分析が正しい確率）を指定したときに、指定した%で出力されます。指定しない場合は、デフォルトの95%となります。有意水準を例えば99%に指定すると、下限99.0%となります。
上限 95.0%	上記と同様です。指定した有意水準の上限となります。
切片	説明変数がすべて0の場合（Y軸）の目的変数の推定値となります。Y（目的変数）＝aX（説明変数）＋bという回帰式が求まった場合には、切片（Y軸の値）はbとなります。
平均気温（℃）	説明変数の1つです。上記の回帰式でいうXとなります。

次に近似式の信頼性を確認するため、回帰分析を実施します。
データタブをクリックし、データ分析をクリックします（画面８）。

画面８　データ分析をクリック

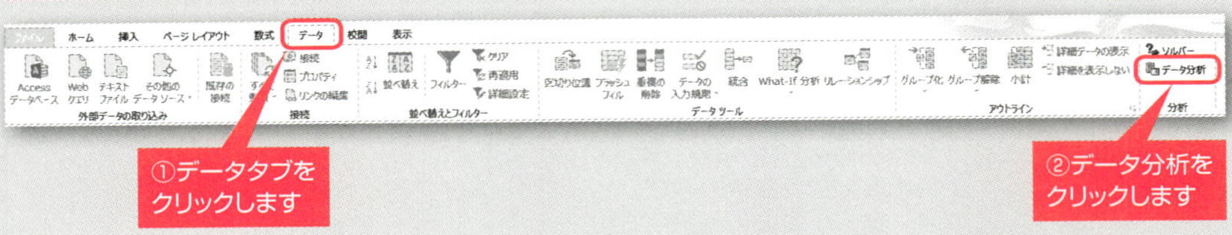

データ分析の画面がでてきます。
回帰分析を選択し、［OK］をクリックします（画面９）。

画面９　回帰分析を選択し、［OK］をクリック

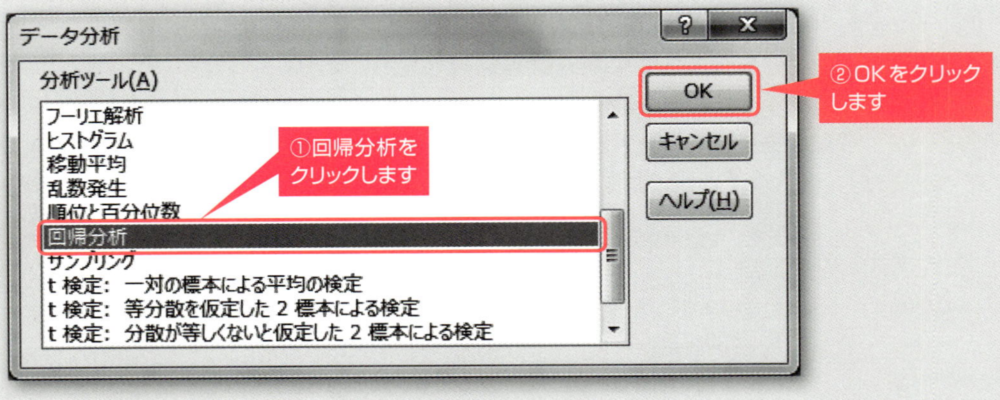

回帰分析で使用するデータを指定します（表３、画面10）。

表３　回帰分析で使用するデータの指定

入力Ｙ範囲	１日あたりの平均来店数	$E$2:$E$38
入力Ｘ範囲	平均気温（℃）	$D$2:$D$38
ラベル	Ｘ範囲とＹ範囲にラベルを含む	チェックします
一覧の出力先	出力先のセルを指定	$G$20

画面10　Excelの操作

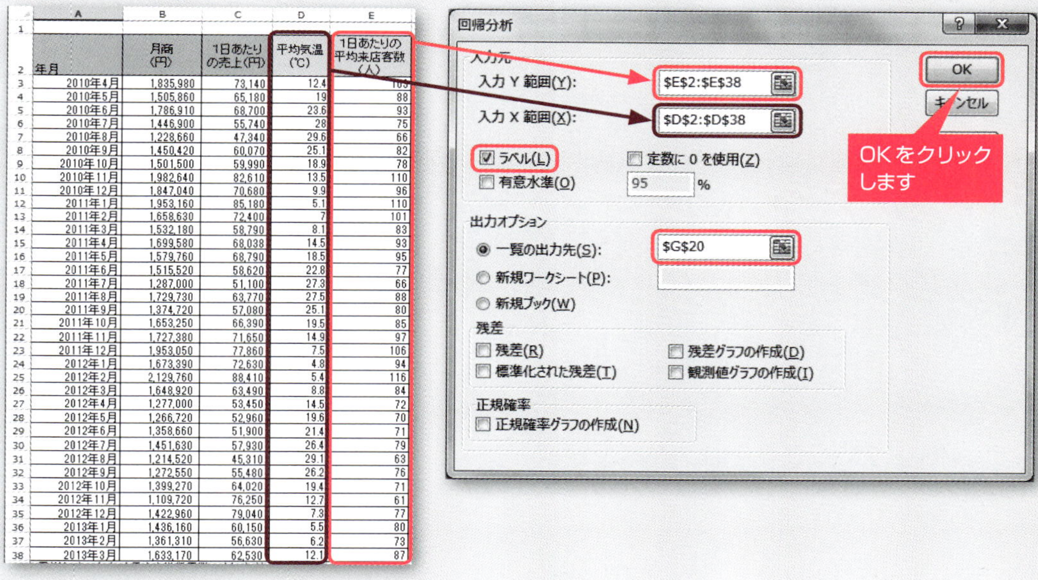

	A	B	C	D	E
1					
2	年月	月商（円）	1日あたりの売上（円）	平均気温（℃）	1日あたりの平均来店客数（人）
3	2010年4月	1,835,980	73,140	12.4	103
4	2010年5月	1,505,860	65,180	19	88
5	2010年6月	1,786,910	68,700	23.6	93
6	2010年7月	1,446,900	55,740	28	75
7	2010年8月	1,228,660	47,340	29.6	66
8	2010年9月	1,450,420	60,070	25.1	82
9	2010年10月	1,501,500	59,990	18.9	78
10	2010年11月	1,982,640	82,610	13.5	110
11	2010年12月	1,847,040	70,680	9.9	96
12	2011年1月	1,953,160	85,180	5.1	110
13	2011年2月	1,658,630	72,400	7	101
14	2011年3月	1,532,180	58,790	8.1	83
15	2011年4月	1,699,580	68,038	14.5	93
16	2011年5月	1,579,760	68,790	18.5	95
17	2011年6月	1,515,520	58,620	22.8	77
18	2011年7月	1,287,000	51,100	27.3	66
19	2011年8月	1,729,730	63,770	27.5	88
20	2011年9月	1,374,720	57,080	25.1	80
21	2011年10月	1,653,250	66,390	19.5	85
22	2011年11月	1,727,380	71,650	14.9	97
23	2011年12月	1,953,050	77,860	7.5	106
24	2012年1月	1,673,390	72,630	4.8	94
25	2012年2月	2,129,760	88,410	5.4	116
26	2012年3月	1,648,920	63,490	8.8	84
27	2012年4月	1,277,000	53,450	14.5	72
28	2012年5月	1,266,720	52,960	19.6	70
29	2012年6月	1,358,660	51,900	21.4	71
30	2012年7月	1,451,630	57,930	26.4	79
31	2012年8月	1,214,520	45,310	29.1	63
32	2012年9月	1,272,550	55,480	26.2	76
33	2012年10月	1,399,270	64,020	19.4	71
34	2012年11月	1,109,720	76,250	12.7	61
35	2012年12月	1,422,960	79,040	7.3	77
36	2013年1月	1,436,160	60,150	5.5	80
37	2013年2月	1,361,310	56,630	6.2	73
38	2013年3月	1,633,170	62,530	12.1	87

入力範囲には、実際のデータの範囲をカーソルでハイライトすると、その部分が表示されます（画面10）。今回は、Ｙ範囲が平均来店客数のデータを選択しています（表４）。なお、“１日あたりの平均来店客数”のラベルのセルも選択範囲に含めています。また、Ｘ範囲が平均気温のデータを選択し、“平均気温（℃）”のラベルのセルも選択範囲に含めています。両方共にラベルのデータを含めていますので、“ラベル”の項目にチェックを入れるのを忘れないようにしてください。

また、出力オプションのデフォルトでは、“新規ワークシート”となっていますので、新しくワークシートが作成され、そのシートにデータが出力されます。今回は、同一シート内にデータを出力するため、“出力先”のセルの値“$G$20”を設定しました。

表4　入力の説明

入力Y範囲	物事の結果となるデータを「目的変数」といいます。 今回の場合は、1日あたりの来店客数となります。
入力X範囲	物事の原因と考えられるデータを「説明変数」をいいます。 今回の場合は、「平均気温」の1つとなります。 この説明変数が、1つの場合を単回帰分析、2つ以上の場合を重回帰分析と呼びます。
ラベル	目的変数（Y）、説明変数（X）の名前「1日あたりの来店客数」「平均気温」を入れる場合には、チェックを入れます。
定数に0を使用	チェック不要です
有意水準	チェック不要です

以下のようにG20セル以下に回帰分析結果が表示されます（画面11）。

画面11　回帰分析結果

年月	月商（円）	1日あたりの売上(円)	平均気温（℃）	1日あたりの平均来店客数（人）
2010年4月	1,835,980	73,140	12.4	103
2010年5月	1,505,860	65,180	19	88
2010年6月	1,786,910	68,700	23.6	93
2010年7月	1,446,900	55,740	28	75
2010年8月	1,228,660	47,340	29.6	66
2010年9月	1,450,420	60,070	25.1	82
2010年10月	1,501,500	59,990	18.9	78
2010年11月	1,982,640	82,610	13.5	110
2010年12月	1,847,040	70,680	9.9	96
2011年1月	1,953,160	85,180	5.1	110
2011年2月	1,658,630	72,400	7	101
2011年3月	1,532,180	58,790	8.1	83
2011年4月	1,699,580	68,038	14.5	93
2011年5月	1,579,760	68,790	18.5	95
2011年6月	1,515,520	58,620	22.8	77
2011年7月	1,287,000	51,100	27.3	66
2011年8月	1,729,730	63,770	27.5	88
2011年9月	1,374,720	57,080	25.1	80
2011年10月	1,653,250	66,390	19.5	85
2011年11月	1,727,380	71,650	14.9	97
2011年12月	1,953,050	77,860	7.5	106
2012年1月	1,673,390	72,630	4.8	94
2012年2月	2,129,760	88,410	5.4	116
2012年3月	1,648,920	63,490	8.8	84
2012年4月	1,277,000	53,450	14.5	72
2012年5月	1,266,720	52,960	19.6	70
2012年6月	1,358,660	51,900	21.4	71
2012年7月	1,451,630	57,930	26.4	79
2012年8月	1,214,520	45,310	29.1	63
2012年9月	1,272,550	55,480	26.2	76
2012年10月	1,399,270	64,020	19.4	71
2012年11月	1,109,720	76,250	12.7	61
2012年12月	1,422,960	79,040	7.3	77
2013年1月	1,436,160	60,150	5.5	80
2013年2月	1,361,310	56,630	6.2	73
2013年3月	1,633,170	62,530	12.1	87

1日当たりの売上は月商を営業日数で割った値です

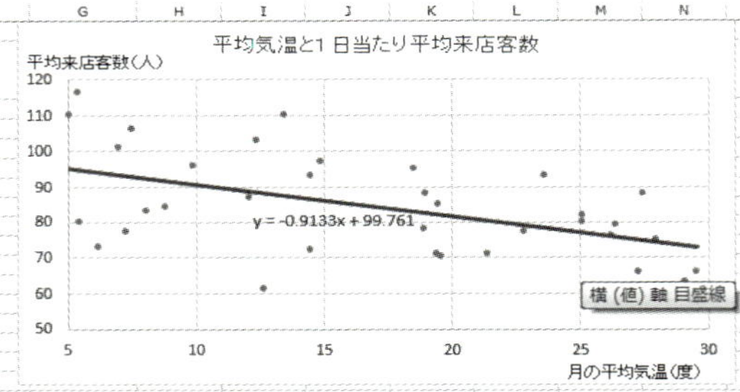

概要

回帰統計	
重相関 R	0.525332
重決定 R2	0.275974
補正 R2	0.254679
標準誤差	12.20269
観測数	36

分散分析表

	自由度	変動	分散	測された分散	有意 F
回帰	1	1929.765	1929.765	12.95965	0.001002
残差	34	5062.791	148.9056		
合計	35	6992.556			

	係数	標準誤差	t	P-値	下限 95%	上限 95%	下限 95.0%	上限 95.0%
切片	99.76105	4.674041	21.34364	2.86E-21	90.26225	109.2598	90.26225	109.2598
平均気温(℃)	-0.91326	0.253686	-3.59995	0.001002	-1.42881	-0.39771	-1.42881	-0.39771

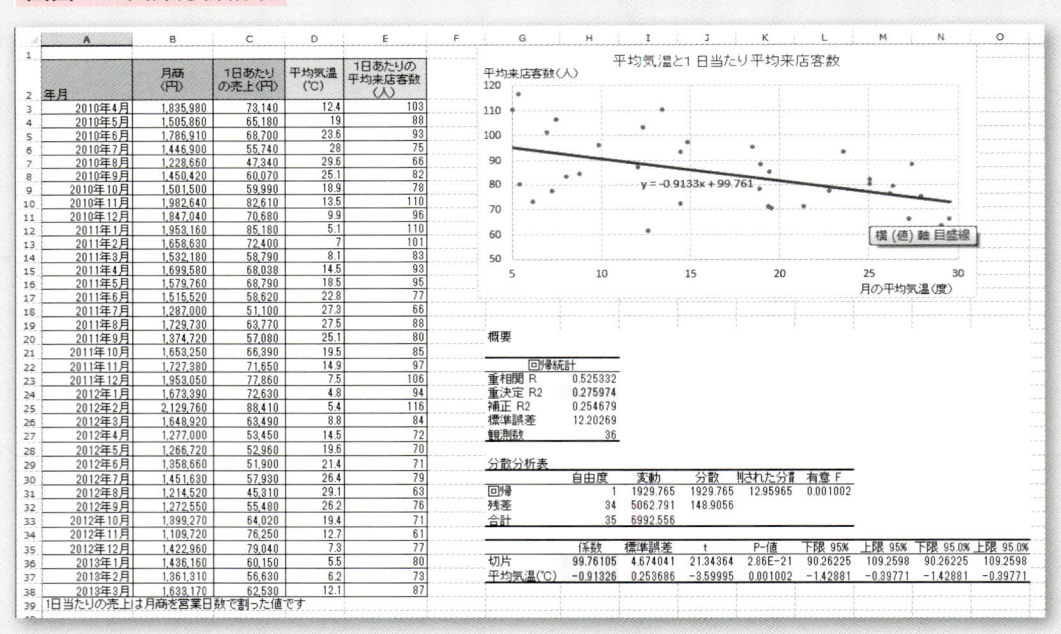

2 売上を予測してみる

● 重回帰分析を行う

前節の回帰分析では、１つの説明変数により目的変数を説明しました。しかし、毎月の平均気温（説明変数）だけから、平均来店客数（目的変数）を予測することは、説明力がない（前ページの画面11の重決定R2＝0.275974）ということがわかりました。よって本節ではもう少し詳しく予測するために、１日単位で分析を行います。そして、複数（気温、降水量、曜日）の説明変数から目的変数（１日の売上）を予測する手法である、重回帰分析を行います。

利用データ	ファイル名：第2部第8章.xlsx シート名　：3-2重回帰分析（1）

利用するデータは、A１からK26のセルに入っています。

回帰分析の方法（画面１）は、前節の「回帰分析を行う」を参照してください。

画面１　回帰分析のExcelの操作

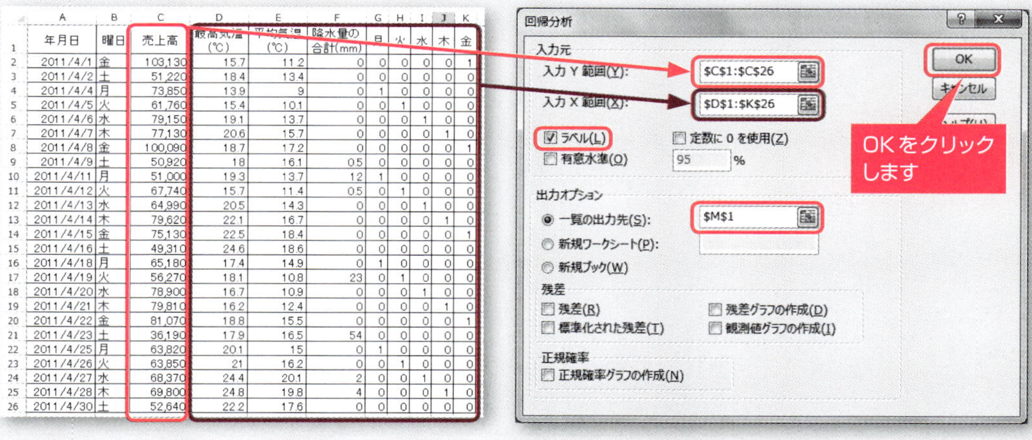

	A	B	C	D	E	F	G	H	I	J	K
1	年月日	曜日	売上高	最高気温(℃)	平均気温(℃)	降水量の合計(mm)	月	火	水	木	金
2	2011/4/1	金	103,130	15.7	11.2	0	0	0	0	0	1
3	2011/4/2	土	51,220	18.4	13.4	0	0	0	0	0	0
4	2011/4/4	月	73,850	13.9	9	0	1	0	0	0	0
5	2011/4/5	火	61,760	15.4	10.1	0	0	1	0	0	0
6	2011/4/6	水	79,150	19.1	13.7	0	0	0	1	0	0
7	2011/4/7	木	77,130	20.6	15.7	0	0	0	0	1	0
8	2011/4/8	金	100,090	18.7	17.2	0	0	0	0	0	1
9	2011/4/9	土	50,920	18	16.1	0.5	0	0	0	0	0
10	2011/4/11	月	51,000	19.3	13.7	12	1	0	0	0	0
11	2011/4/12	火	67,740	15.7	11.4	0.5	0	1	0	0	0
12	2011/4/13	水	64,990	20.5	14.3	0	0	0	1	0	0
13	2011/4/14	木	79,620	22.1	16.7	0	0	0	0	1	0
14	2011/4/15	金	75,130	22.5	18.4	0	0	0	0	0	1
15	2011/4/16	土	49,310	24.6	18.6	0	0	0	0	0	0
16	2011/4/18	月	65,180	17.4	14.9	0	1	0	0	0	0
17	2011/4/19	火	56,270	18.1	10.8	23	0	1	0	0	0
18	2011/4/20	水	78,900	16.7	10.9	0	0	0	1	0	0
19	2011/4/21	木	79,810	16.2	12.4	0	0	0	0	1	0
20	2011/4/22	金	81,070	18.8	15.5	0	0	0	0	0	1
21	2011/4/23	土	36,190	17.9	16.5	54	0	0	0	0	0
22	2011/4/25	月	63,820	20.1	15	0	1	0	0	0	0
23	2011/4/26	火	63,850	21	16.2	0	0	1	0	0	0
24	2011/4/27	水	68,370	24.4	20.1	2	0	0	1	0	0
25	2011/4/28	木	69,800	24.8	19.8	4	0	0	0	1	0
26	2011/4/30	土	52,640	22.2	17.6	0	0	0	0	0	0

• データの作り方

日曜日が定休日でデータがありませんので、月曜日から土曜日のデータを作成します（図１）。各曜日の列（G～K列）のところに０または１が入っています。月曜日の場合は月曜日列（G列）に１、他の列には０が入っています。すべて０のときは土曜日ということになります。

図１　月曜日から土曜日のデータ

	月	火	水	木	金
月曜日	1	0	0	0	0
火曜日	0	1	0	0	0
水曜日	0	0	1	0	0
木曜日	0	0	0	1	0
金曜日	0	0	0	0	1
土曜日	0	0	0	0	0

画面１について、回帰分析で使用するデータを次のように指定します（表１）。

なお、ここで気温として２つのデータ（最高気温、平均気温）を用いています。第１部第３章では最高気温だけを用いていますが、ここでは次ページの多重共線性を確認する目的であえて２つの気温データを利用します。シートは「3-2重回帰分析（1）」を使っています。

表１　入力の説明

入力Ｙ範囲	売上高	$C$1:$C$26
入力Ｘ範囲	最高気温、平均気温、降水量、曜日	$D$1:$K$26
ラベル	Ｘ範囲とＹ範囲にラベルを含む	チェックします
一覧の出力先	出力先のセルを指定	$M$1

すると、以下の結果が表示されます（画面２）。

画面２　結果

概要

回帰統計	
重相関 R	0.943644366
重決定 R2	0.890464689
補正 R2	0.835697033
標準誤差	6307.732478
観測数	25

分散分析表

	自由度	変動	分散	観測された分散比	有意 F
回帰	8	5175223032	646902879	16.25895212	2.51562E-06
残差	16	636599824.3	39787489.02		
合計	24	5811822856			

	係数	標準誤差	t	P-値	下限 95%	上限 95%	下限 95.0%	上限 95.0%
切片	81527.00956	10517.00561	7.751922225	8.32468E-07	59231.95362	103822.0655	59231.95362	103822.0655
最高気温(℃)	-1719.78993	1101.587118	-1.561192849	0.138038021	-4055.0503	615.470438	-4055.0503	615.470438
平均気温(℃)	333.4267126	1123.200058	0.296854252	0.770396842	-2047.65104	2714.504467	-2047.65104	2714.504467
降水量の合計(mm)	-383.3387454	121.9695841	-3.142904423	0.006288118	-641.902713	-124.774778	-641.902713	-124.774778
月	9098.232424	4632.380233	1.964051301	0.067141104	-721.97498	18918.43983	-721.97498	18918.43983
火	9269.619956	4934.940599	1.878365052	0.07867828	-1191.98677	19731.22668	-1191.98677	19731.22668
水	21295.87765	4683.30007	4.547194783	0.000329771	11367.72501	31224.03028	11367.72501	31224.03028
木	26048.09207	4461.806506	5.838014721	2.5201E-05	16589.48481	35506.69932	16589.48481	35506.69932
金	35681.89382	4527.991557	7.880291597	6.73976E-07	26082.98052	45280.80712	26082.98052	45280.80712

● 多重共線性のチェック

説明変数同士に強い相関関係がある場合は、多重共線性という問題が発生します。多重共線性とは、類似の説明変数があるために、目的変数と各々の説明変数の増加減少関係（係数の符号）が論理的に矛盾してしまうことです。わかりにくいので、今回の例を考えましょう。

重回帰分析の最高気温の係数はマイナスで、平均気温の係数の符号はプラスです。つまり最高気温が高いほどラーメンの売上が減少しますが、平均気温は高いほど売上が増加するということを示しています。しかし、これはちょっとおかしいですね。第３章の文吉と統子の会話のように、気温が高ければラーメンの売上は減少します。それに、平均気温が高い日は最高気温も高いはずです。だからこの２つの係数の符号は、互いに矛盾し、売上への影響も矛盾しています。これは最高気温と平均気温という類似の説明変数を用いたために発生した現象です。この現象が多重共線性です。

念のため、すべての説明変数間の類似性を調べ、多重共線性を確認します。そのためには、説明変数間の相関分析を実施します。以下にその手順を説明します。

データ分析メニューで「相関」を選びます（画面３）。

入力範囲では、売上高の列のラベルから金曜日の列の最後のデータまでを指定しています（画面４、表１）。

画面３　「相関」を選ぶ

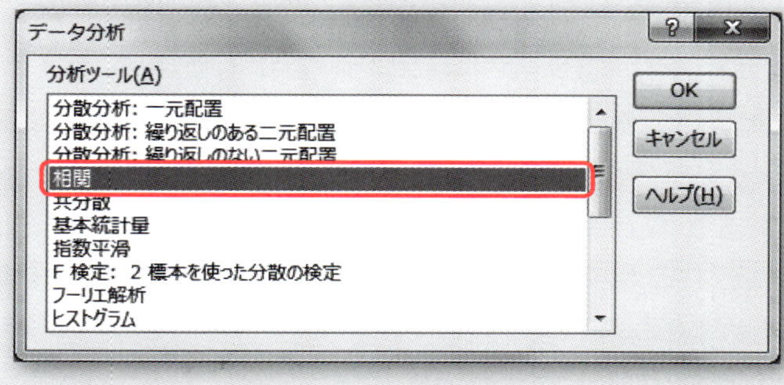

画面４　入力範囲を指定

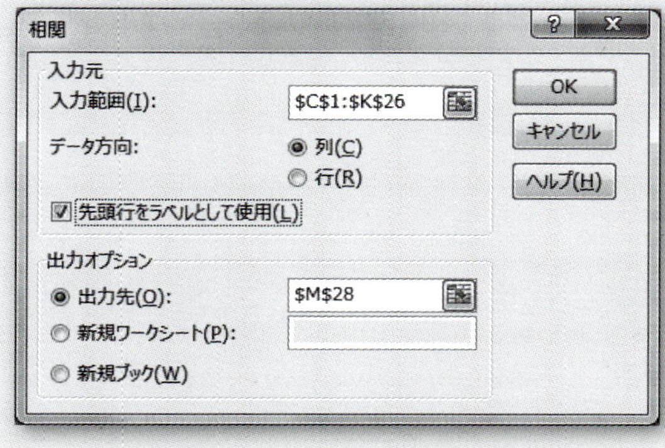

表1　相関分析の入力範囲

年月日	曜日	売上高	最高気温(℃)	平均気温(℃)	降水量の合計(mm)	月	火	水	木	金
2011/4/1	金	103,130	15.7	11.2	0	0	0	0	0	1
2011/4/2	土	51,220	18.4	13.4	0	0	0	0	0	0
2011/4/4	月	73,850	13.9	9	0	1	0	0	0	0
2011/4/5	火	61,760	15.4	10.1	0	0	1	0	0	0
2011/4/6	水	79,150	19.1	13.7	0	0	0	1	0	0
2011/4/7	木	77,130	20.6	15.7	0	0	0	0	1	0
2011/4/8	金	100,090	18.7	17.2	0	0	0	0	0	1
2011/4/9	土	50,920	18	16.1	0.5	0	0	0	0	0
2011/4/11	月	51,000	19.3	13.7	12	1	0	0	0	0
2011/4/12	火	67,740	15.7	11.4	0.5	0	1	0	0	0
2011/4/13	水	64,990	20.5	14.3	0	0	0	1	0	0
2011/4/14	木	79,620	22.1	16.7	0	0	0	0	1	0
2011/4/15	金	75,130	22.5	18.4	0	0	0	0	0	1
2011/4/16	土	49,310	24.6	18.6	0	0	0	0	0	0
2011/4/18	月	65,180	17.4	14.9	0	1	0	0	0	0
2011/4/19	火	56,270	18.1	10.8	23	0	1	0	0	0
2011/4/20	水	78,900	16.7	10.9	0	0	0	1	0	0
2011/4/21	木	79,810	16.2	12.4	0	0	0	0	1	0
2011/4/22	金	81,070	18.8	15.5	0	0	0	0	0	1
2011/4/23	土	36,190	17.9	16.5	54	0	0	0	0	0
2011/4/25	月	63,820	20.1	15	0	1	0	0	0	0
2011/4/26	火	63,850	21	16.2	0	0	1	0	0	0
2011/4/27	水	68,370	24.4	20.1	2	0	0	1	0	0
2011/4/28	木	69,800	24.8	19.8	4	0	0	0	1	0
2011/4/30	土	52,640	22.2	17.6	0	0	0	0	0	0

分析結果は画面5のようになります。やはり、最高気温と平均気温の相関係数は0.885ととびぬけて高いことがわかります。他の変数間の相関係数は低いので、変数間の関連性は低いと考えられます。なおここでは、第4章P.106の「相関の強さの目安」の表を用い、相関係数−0.4から0.4の間は相関は強くないと解釈しています。

画面5　分析結果

	売上高	最高気温(℃)	平均気温(℃)	降水量の合計(mm)	月	火	水	木	金
売上高	1.000								
最高気温(℃)	−0.182	1.000							
平均気温(℃)	−0.145	0.885	1.000						
降水量の合計(mm)	−0.506	−0.086	0.022	1.000					
月	−0.131	−0.240	−0.234	−0.032	1.000				
火	−0.161	−0.258	−0.382	0.078	−0.190	1.000			
水	0.138	0.133	−0.003	−0.128	−0.190	−0.190	1.000		
木	0.245	0.245	0.200	−0.109	−0.190	−0.190	−0.190	1.000	
金	0.625	−0.054	0.117	−0.147	−0.190	−0.190	−0.190	−0.190	1.000

さて、最高気温と平均気温のどちらを説明変数として残すかは、目的変数の売上との相関の強さで判断します。相関係数を比較すると、最高気温は－0.182、平均気温は－0.145なので、平均気温を説明変数から削除し、相関の強い最高気温だけを残します。そして、もう一度重回帰分析を行います（画面６）。

画面６　重回帰分析２回目

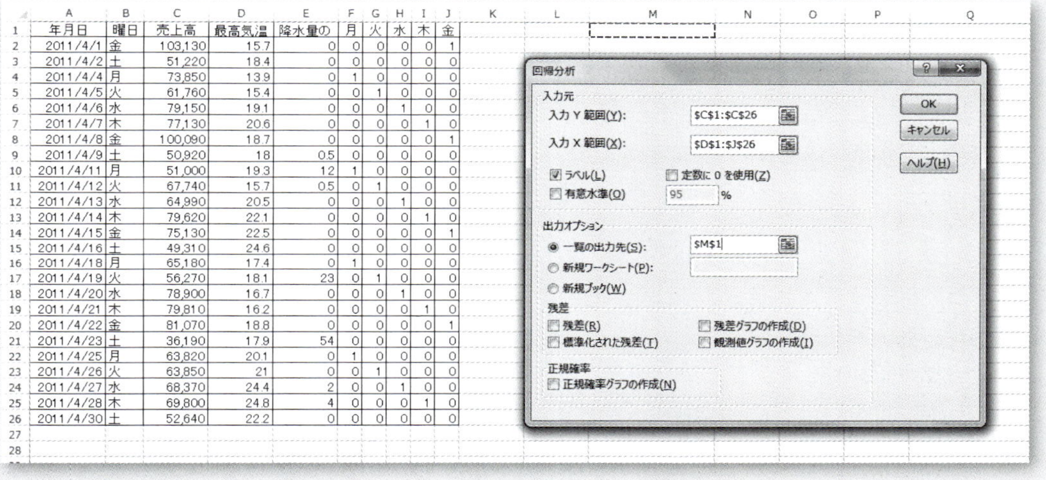

利用データ	ファイル名：第2部第8章.xlsx シート名　：3-2重回帰分析（2）

回帰分析で使用するデータを指定します（表２）。

表２　入力の説明

入力Ｙ範囲	１日の売上	$C$1:$C$26
入力Ｘ範囲	最高気温、降水量、曜日	$D$1:$J$26
ラベル	Ｘ範囲とＹ範囲にラベルを含む	チェックします
一覧の出力先	出力先のセルを指定	$M$1

画面７の係数の符号を見ると、説明変数の係数の符号は目的変数を表すのに矛盾はなさそうです。気温が高くなるほど売れなくなる（暑いから）、また雨が降ればお客さんが少ないので売れなくなる。よって、係数の符号に矛盾はなさそうです。これで多重共線性の問題は解決しました。

さて、売上の予測式を確認してみましょう。

画面７　結果

	M	N	O	P	Q	R	S	T	U
1	概要								
2									
3	回帰統計								
4	重相関 R	0.943325							
5	重決定 R2	0.889861							
6	補正 R2	0.84451							
7	標準誤差	6136.228							
8	観測数	25							
9									
10	分散分析表								
11		自由度	変動	分散	測された分散	有意 F			
12	回帰	7	5.17E+09	7.39E+08	19.62157	5.58E-07			
13	残差	17	6.4E+08	37653294					
14	合計	24	5.81E+09						
15									
16		係数	標準誤差	t	P-値	下限 95%	上限 95%	下限 95.0%	上限 95.0%
17	切片	80976.99	10071.03	8.040587	3.41E-07	59728.98	102225	59728.98	102225
18	最高気温(℃)	-1425.74	468.8381	-3.041	0.00738	-2414.9	-436.574	-2414.9	-436.574
19	降水量の合計(mm)	-375.47	115.8173	-3.24191	0.004795	-619.823	-131.117	-619.823	-131.117
20	月	8811.791	4407.58	1.999236	0.061828	-487.389	18110.97	-487.389	18110.97
21	火	8655.55	4358.644	1.985836	0.063422	-540.384	17851.48	-540.384	17851.48
22	水	20827.45	4289.57	4.855371	0.00148	11777.25	29877.66	11777.25	29877.66
23	木	25821.99	4276.782	6.037715	1.33E-05	16798.77	34845.21	16798.77	34845.21
24	金	35860.05	4366.015	8.213451	2.55E-07	26648.56	45071.54	26648.56	45071.54

この画面７の結果が、第３章P.76の１日の売上の予測の式を示しています。これで第３章の式が得られました。補正R2も0.84451で説明力（信頼性）もあります（0.4よりも大）。

ここで、P値を見てみます。説明変数のP値は一番大きなもので0.06なのでよさそうです。今回のような社会科学の分野では、P値の基準として0.1がよく用いられます。しかし、この第８章では、予測式をシンプルにするために、あえて少し厳しい基準で、P値の基準として0.05を使ってみます。すると、火曜日という説明変数は、目的変数を説明していない可能性が0.06ほどありますので、これを除いて考えます。よって、P-値0.0634の“火曜日”のデータを削除して、再度、重回帰分析を行います（画面８）。

なお、P値の金曜日は、2.55E-07となっていますが、これは、2.55×10^{-7}ということを意味しております。つまり、0.000000255ということですので、0.05を十分に下回っていることになります。

利用データ	ファイル名：第2部第8章.xlsx シート名　：3-2重回帰分析（3）

第6章
第7章
第8章
第9章
第10章

画面８　重回帰分析３回目

	A	B	C	D	E	F	G	H	I
1	年月日	曜日	売上高	最高気温(℃)	降水量の合計(mm)	月	水	木	金
2	2011/4/1	金	103,130	15.7	0	0	0	0	1
3	2011/4/2	土	51,220	18.4	0	0	0	0	0
4	2011/4/4	月	73,850	13.9	0	1	0	0	0
5	2011/4/5	火	61,760	15.4	0	0	0	0	0
6	2011/4/6	水	79,150	19.1	0	0	1	0	0
7	2011/4/7	木	77,130	20.6	0	0	0	1	0
8	2011/4/8	金	100,090	18.7	0	0	0	0	1
9	2011/4/9	土	50,920	18	0.5	0	0	0	0
10	2011/4/11	月	51,000	19.3	12	1	0	0	0
11	2011/4/12	火	67,740	15.7	0.5	0	0	0	0
12	2011/4/13	水	64,990	20.5	0	0	1	0	0
13	2011/4/14	木	79,620	22.1	0	0	0	1	0
14	2011/4/15	金	75,130	22.5	0	0	0	0	1
15	2011/4/16	土	49,310	24.6	0	0	0	0	0
16	2011/4/18	月	65,180	17.4	0	1	0	0	0
17	2011/4/19	火	56,270	18.1	23	0	0	0	0
18	2011/4/20	水	78,900	16.7	0	0	1	0	0
19	2011/4/21	木	79,810	16.2	0	0	0	1	0
20	2011/4/22	金	81,070	18.8	0	0	0	0	1
21	2011/4/23	土	36,190	17.9	54	0	0	0	0
22	2011/4/25	月	63,820	20.1	0	1	0	0	0
23	2011/4/26	火	63,850	21	0	0	0	0	0
24	2011/4/27	水	68,370	24.4	2	0	1	0	0
25	2011/4/28	木	69,800	24.8	4	0	0	1	0
26	2011/4/30	土	52,640	22.2	0	0	0	0	0
27									

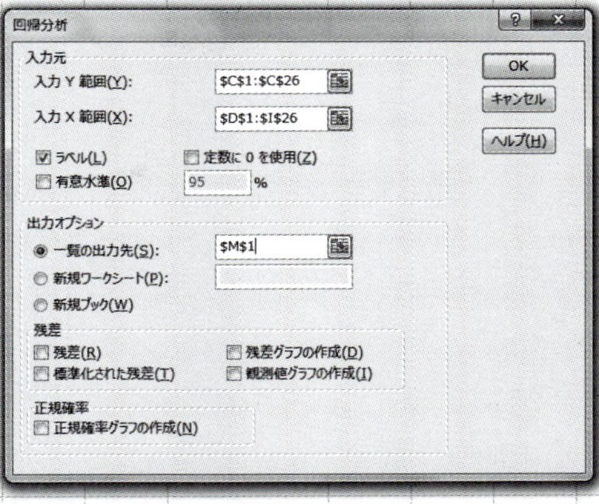

今度は、説明変数である月曜日のＰ値が0.05を越えてしまいました（画面９）。さらに、“月曜日”のデータを削除して、もう一度重回帰分析を行います（画面10）。シートは「3-2重回帰分析（4）」を使います。

画面９　Ｐ値が0.05を越えてしまった

	M	N	O	P	Q	R	S	T	U
1	概要								
2									
3	回帰統計								
4	重相関 R	0.929684							
5	重決定 R2	0.864312							
6	補正 R2	0.819083							
7	標準誤差	6618.969							
8	観測数	25							
9									
10	分散分析表								
11		自由度	変動	分散	刂された分散	有意 F			
12	回帰	6	5.02E+09	8.37E+08	19.10958	6.61E-07			
13	残差	18	7.89E+08	43810744					
14	合計	24	5.81E+09						
15									
16		係数	標準誤差	t	P-値	下限 95%	上限 95%	下限 95.0%	上限 95.0%
17	切片	90478.09	9559.165	9.465062	2.07E-08	70395.03	110561.2	70395.03	110561.2
18	最高気温(℃)	-1705.76	482.3052	-3.53669	0.002357	-2719.05	-692.477	-2719.05	-692.477
19	降水量の合計(mm)	-412.893	123.2639	-3.34967	0.003568	-671.861	-153.925	-671.861	-153.925
20	月	4372.444	4097.425	1.06712	0.300022	-4235.93	12980.82	-4235.93	12980.82
21	水	16994.62	4132.192	4.112737	0.000653	8313.205	25676.03	8313.205	25676.03
22	木	22217.89	4177.253	5.318779	4.68E-05	13441.8	30993.97	13441.8	30993.97
23	金	31658.47	4119.559	7.684917	4.32E-07	23003.6	40313.34	23003.6	40313.34

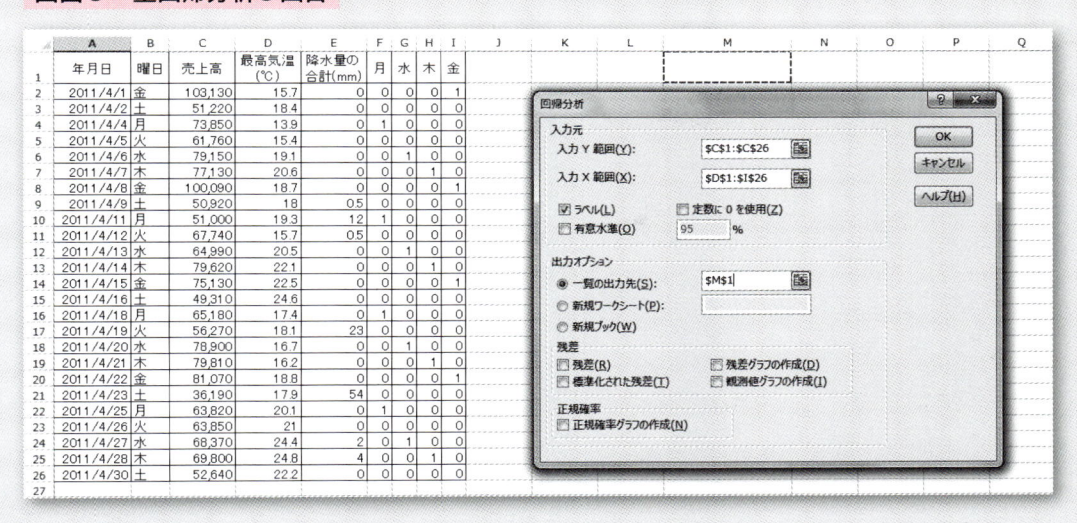

画面10　重回帰分析４回目

	A	B	C	D	E	F	G	H
1	年月日	曜日	売上高	最高気温(℃)	降水量の合計(mm)	水	木	金
2	2011/4/1	金	103,130	15.7	0	0	0	1
3	2011/4/2	土	51,220	18.4	0	0	0	0
4	2011/4/4	月	73,850	13.9	0	0	0	0
5	2011/4/5	火	61,760	15.4	0	0	0	0
6	2011/4/6	水	79,150	19.1	0	1	0	0
7	2011/4/7	木	77,130	20.6	0	0	1	0
8	2011/4/8	金	100,090	18.7	0	0	0	1
9	2011/4/9	土	50,920	18	0.5	0	0	0
10	2011/4/11	月	51,000	19.3	12	0	0	0
11	2011/4/12	火	67,740	15.7	0.5	0	0	0
12	2011/4/13	水	64,990	20.5	0	1	0	0
13	2011/4/14	木	79,620	22.1	0	0	1	0
14	2011/4/15	金	75,130	22.5	0	0	0	1
15	2011/4/16	土	49,310	24.6	0	0	0	0
16	2011/4/18	月	65,180	17.4	0	0	0	0
17	2011/4/19	火	56,270	18.1	23	0	0	0
18	2011/4/20	水	78,900	16.7	0	1	0	0
19	2011/4/21	木	79,810	16.2	0	0	1	0
20	2011/4/22	金	81,070	18.8	0	0	0	1
21	2011/4/23	土	36,190	17.9	54	0	0	0
22	2011/4/25	月	63,820	20.1	0	0	0	0
23	2011/4/26	火	63,850	21	0	0	0	0
24	2011/4/27	水	68,370	24.4	2	1	0	0
25	2011/4/28	木	69,800	24.8	4	0	1	0
26	2011/4/30	土	52,640	22.2	0	0	0	0
27								

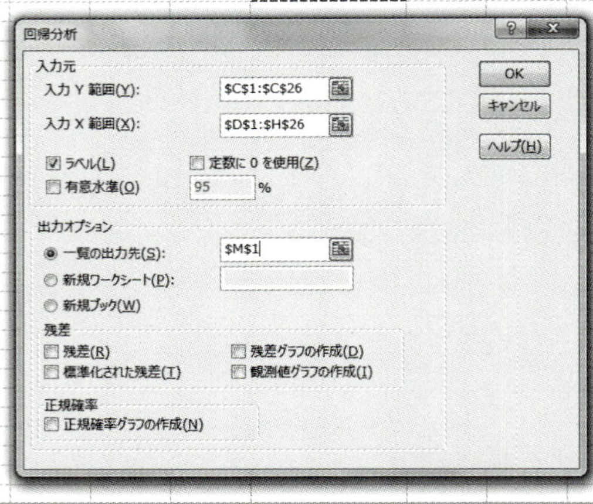

補正R2は0.817762と十分に信用に足る数値です（画面11）。また、説明変数のＰ値もすべて0.05（５％未満）であることから、これで分析終了です。

画面11　説明変数のＰ値は５％未満

	M	N	O	P	Q	R	S	T	U
1	概要								
2									
3	回帰統計								
4	重相関 R	0.925056							
5	重決定 R2	0.855728							
6	補正 R2	0.817762							
7	標準誤差	6643.092							
8	観測数	25							
9									
10	分散分析表								
11		自由度	変動	分散	測された分散	有意 F			
12	回帰	5	4.97E+09	9.95E+08	22.53916	2.21E-07			
13	残差	19	8.38E+08	44130666					
14	合計	24	5.81E+09						
15									
16		係数	標準誤差	t	P-値	下限 95%	上限 95%	下限 95.0%	上限 95.0%
17	切片	93610.2	9130.562	10.2524	3.52E-09	74499.72	112720.7	74499.72	112720.7
18	最高気温(℃)	-1792.97	477.0641	-3.75834	0.00133	-2791.47	-794.461	-2791.47	-794.461
19	降水量の合計(mm)	-436.494	121.7054	-3.58648	0.001968	-691.227	-181.762	-691.227	-181.762
20	水	15633.66	3944.781	3.963126	0.000834	7377.142	23890.19	7377.142	23890.19
21	木	20934.14	4014.857	5.214167	4.94E-05	12530.94	29337.33	12530.94	29337.33
22	金	30176.71	3892.623	7.752282	2.67E-07	22029.35	38324.06	22029.35	38324.06

今回は、多重共線性により、平均気温の説明変数を除外して売上予測式を作りました。また、この第8章では、あえてＰ値0.05という少し厳しい基準で説明変数を絞り込んで、重回帰分析を繰り返して、説明変数の少ないシンプルな式を作る練習をしました。

3 競合店（味一）の影響を調べてみる

本節では、１日の売上を“満足度”、“季節変動”、“トレンド”の３つを説明変数として予測する重回帰分析を実施するための操作について解説します。

● 味一出店前の情報から長期的な売上を予測する

まず、月の売上を年間平均で割ることによって、季節変動を求めます（画面１）。季節変動は、ある月の売上げが年間の平均売上げの何倍になっているかを計算した値を用いています。

利用データ	ファイル名：第2部第8章.xlsx シート名　：3-3時系列重回帰分析
入力例	セルM3：=D3/AVERAGE($D$3:$D$14)

画面１　１日あたりの売上と満足度、季節変動、トレンド（月表示）

M3　=D3/AVERAGE($D$3:$D$14)

	A	B	C	D	E	H	I	J	K	L	M	N
1	元のデータ						1日あたりの売上、満足度、季節変動、トレンド（月表示）					
2	年度	月	月商	1日あたりの売上	満足度		年度	月	1日あたりの売上	満足度	季節変動	トレンド
3	2010年	4月	1,835,980	73,140	80.2		2010年	4月	73,140	80.2	1.10	42
4		5月	1,505,860	65,180	79.3			5月	65,180	79.3	0.98	41
5		6月	1,786,910	68,700	80.5			6月	68,700	80.5	1.03	40
6		7月	1,446,900	55,740	77.8			7月	55,740	77.8	0.84	39
7		8月	1,228,660	47,340	79.9			8月	47,340	79.9	0.71	38
8		9月	1,450,420	60,070	74.2			9月	60,070	74.2	0.90	37
9		10月	1,501,500	59,990	75.6			10月	59,990	75.6	0.90	36
10		11月	1,982,640	82,610	78.1			11月	82,610	78.1	1.24	35
11		12月	1,847,040	70,680	78.4			12月	70,680	78.4	1.06	34
12		1月	1,953,160	85,180	78.5			1月	85,180	78.5	1.28	33
13		2月	1,658,630	72,400	77.8			2月	72,400	77.8	1.09	32
14		3月	1,532,180	58,790	77.1			3月	58,790	77.1	0.88	31
15	2011年	4月	1,699,580	68,038	76.1		2011年	4月	68,038	76.1	1.01	30
16		5月	1,579,760	68,790	76.9			5月	68,790	76.9	1.02	29
17		6月	1,515,520	58,620	79.1			6月	58,620	79.1	0.87	28
18		7月	1,287,000	51,100	79.5			7月	51,100	79.5	0.76	27
19		8月	1,729,730	63,770	74.6			8月	63,770	74.6	0.95	26
20		9月	1,374,720	57,080	74.0			9月	57,080	74.0	0.85	25
21		10月	1,653,250	66,390	74.0			10月	66,390	74.0	0.99	24
22		11月	1,727,380	71,650	76.6			11月	71,650	76.6	1.06	23

次に、トレンドは、最後のデータから、１カ月過去にさかのぼる度に１をプラスしたデータにしました。これは、売上が下がっているという傾向を表すために作成したデータ（ダミーデータ）です。

さて、満足度、季節変動、トレンドの３つのデータが揃ったら、これらのデータを説明変数とする重回帰分析を行います。分析ツールから回帰分析を選択し、回帰結果を求めます（画面２、表１）。

画面２　重回帰分析

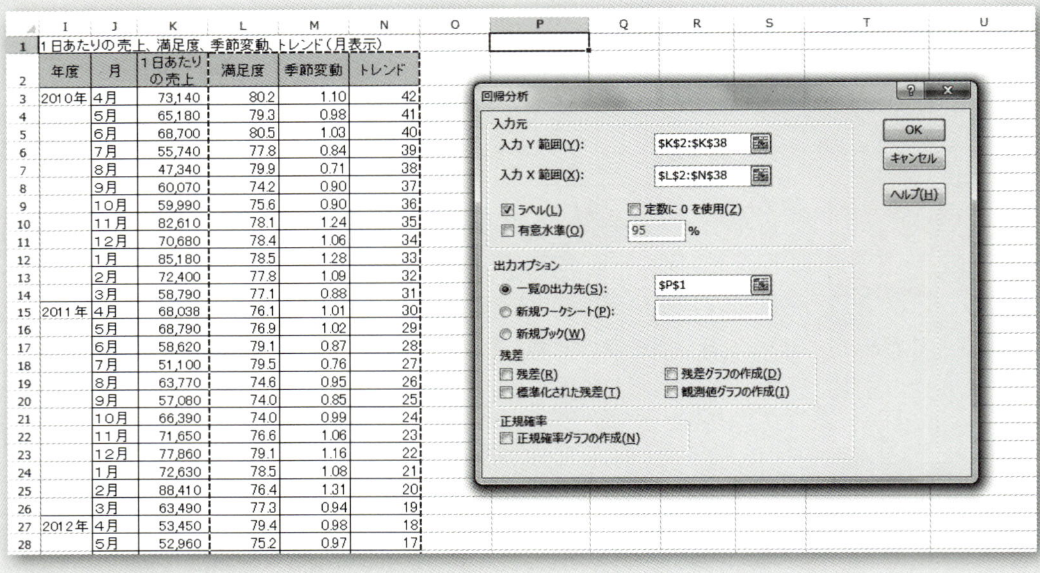

表１　入力の説明

入力Ｙ範囲	１日あたりの売上	$K$2:$K$38
入力Ｘ範囲	満足度、季節変動、トレンド	$L$2:$N$38
ラベル	Ｘ範囲とＹ範囲にラベルを含む	チェックします
一覧の出力先	出力先のセルを指定	$P$1

次のように結果が表示されます（画面３）。

画面３　結果

概要

回帰統計	
重相関 R	0.97759
重決定 R2	0.95569
補正 R2	0.95153
標準誤差	2325.87
観測数	36

分散分析表

	自由度	変動	分散	観測された分散比	有意 F
回帰	3	3.7E+09	1244499780	230.0503427	9.99049E-22
残差	32	1.7E+08	5409684.53		
合計	35	3.9E+09			

	係数	標準誤差	t	P-値	下限 95%	上限 95%	下限 95.0%	上限 95.0%
切片	-18862	15582.2	-1.2104886	0.234956846	-50602.1172	12877.8628	-50602.1172	12877.8628
満足度	139.595	212.302	0.65753107	0.515541708	-292.850494	572.041418	-292.850494	572.041418
季節変動	66764.7	2568.77	25.9909173	4.38453E-23	61532.28761	71997.1162	61532.28761	71997.1162
トレンド	243.196	51.0256	4.76615763	3.91644E-05	139.2603616	347.131935	139.2603616	347.131935

以上が、第３章３節までの説明となります。

第３章第４節「何が売り上げに効くのか？」の重回帰分析はこれまでの操作と同じですので、操作の説明は割愛します。ぜひみなさん重回帰分析を試してみてください。

第2部

第9章 商品を考える!【操作編】

本章では、ラーメンの特徴を、少ない変数（主成分）にまとめ、その主成分で表現する主成分分析の操作方法を説明します。なお、主成分分析をExcelだけで行うのは計算式の作成が大変複雑ですので、ここではアドインソフト（有償）を利用しています。

また、2つの相関関係について相関行列を作成する方法も学習します。

1 うちのラーメンの特徴は?

● 主成分分析をやってみる

主成分分析は、Excelだけでは簡単に分析することができません。そこで、今回は、Excelに機能を追加するアドインソフトを活用してみたいと思います。Excelの主成分分析を行うソフトは、条件付きの無償から有償の製品まで多数ありますが、操作手順や処理内容などはどのソフトもほとんど同じです。本書では、池田データメーション研究所のアドインインソフト（有償）による操作説明を記述しています（画面1）。

下記サイトに移動して、主成分分析プログラムを購入し、ダウンロードします。

注意

本ソフトウェアを使用したうえで生じたトラブルやいかなる損害に対して、株式会社秀和システム、筆者、作者は一切の責任を負いませんので、ご了承ください。また、本ソフトウェアの著作権は作者にありますので、ソフトウェア使用許諾書に記載された内容を同意したうえでご利用ください。

http://www.datamation.jp/da5/dms502.html

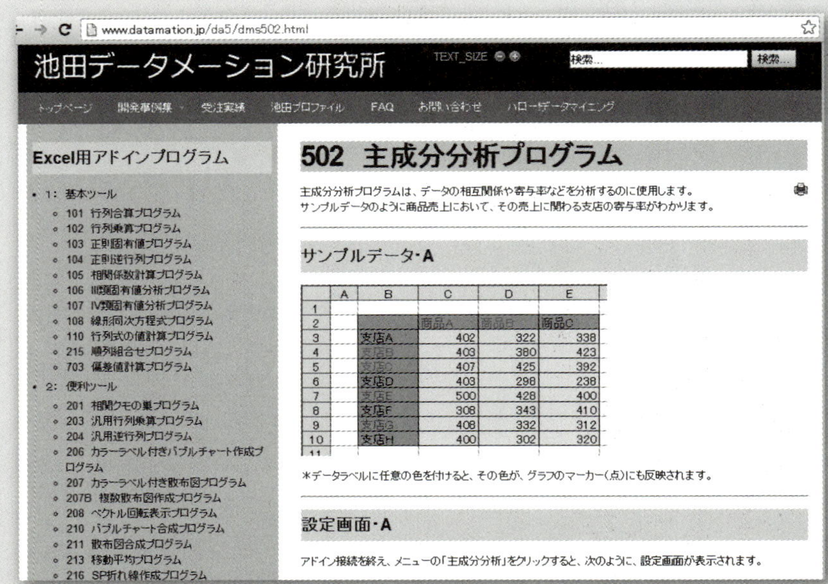

画面1　池田データメーション研究所

アドインのインストール方法等については、ダウンロードした「アドイン方法.pdf」もしくは、「http://www.datamation.jp/files/howtad03.pdf」を参照してください。

①データの基準化

第１章第２節で標準正規分布の説明をしましたが、データの基準化というのは、平均が０、標準偏差１の標準正規分布に従うようにデータを変換することです。こうすることで、その後の計算が容易になります。

なお、今回のアドインソフトでは、基準化をソフトで実施してくれますので、データの基準化の計算は必要ありませんが、ここでは操作の流れを掴んでいただくために、以下のように操作を記載します（表１）。

利用データ	ファイル名：第2部第9章.xlsx（画面2） シート名：4-1主成分

画面２　主成分分析用元データ

	A	B	C	D	E
1	ジャンル	店名	麺	スープ	具
2	東京醤油ラーメン	夢楽	4	4	3
3	こってりとんこつラーメン	味一	4	5	3
4	醤油ラーメン	A店	5	4	3
5	醤油ラーメン	B店	5	2	4
6	とんこつラーメン	C店	4	5	5
7	とんこつラーメン	D店	3	3	3
8	とんこつラーメン	E店	1	1	3
9	味噌ラーメン	F店	1	1	1
10	味噌ラーメン	G店	2	3	2
11	味噌ラーメン	H店	5	4	4
12	平均(Average)		3.4	3.2	3.1
13	標準偏差(STDEV.S)		1.58	1.48	1.10

表１　STANDARDIZE関数の書式

STANDARDIZE関数	データを標準化します
書式	STANDARDIZE(データ，平均，標準偏差)
計算式	—
利用データ	ファイル名：第2部第9章.xlsx ／ シート名：4-1主成分
入力例	セルC17：＝STANDARDIZE(C2,C$12,C$13) → 0.38 セルC18：＝STANDARDIZE(C3,C$12,C$13) → 0.38 セルD17：＝STANDARDIZE(D2,D$12,D$13) → 0.54

画面２の麺の列に標準化関数を入力すると表２のようになりますが、スープや具の列についても同様に入力します。

表２　標準化関数の入力例

ジャンル	店名	麺	スープ	具
東京醤油ラーメン	夢楽	=STANDARDIZE(C2,C$12,C$13)		
こってりとんこつラーメン	味一	=STANDARDIZE(C3,C$12,C$13)		
醤油ラーメン	Ａ店	=STANDARDIZE(C4,C$12,C$13)		
醤油ラーメン	Ｂ店	=STANDARDIZE(C5,C$12,C$13)		
とんこつラーメン	Ｃ店	=STANDARDIZE(C6,C$12,C$13)		
とんこつラーメン	Ｄ店	=STANDARDIZE(C7,C$12,C$13)		
とんこつラーメン	Ｅ店	=STANDARDIZE(C8,C$12,C$13)		
味噌ラーメン	Ｆ店	=STANDARDIZE(C9,C$12,C$13)		
味噌ラーメン	Ｇ店	=STANDARDIZE(C10,C$12,C$13)		
味噌ラーメン	Ｈ店	=STANDARDIZE(C11,C$12,C$13)		
平均		=AVERAGE(C17:C26)		
標準偏差		=STDEV.S(C17:C26)		

表３のような計算結果が得られ、これで基準化の操作は終了です。

表３　標準化計算結果

ジャンル	店名	麺	スープ	具
東京醤油ラーメン	夢楽	0.38	0.54	−0.09
こってりとんこつラーメン	味一	0.38	1.22	−0.09
醤油ラーメン	Ａ店	1.01	0.54	−0.09
醤油ラーメン	Ｂ店	1.01	−0.81	0.82
とんこつラーメン	Ｃ店	0.38	1.22	1.73
とんこつラーメン	Ｄ店	−0.25	−0.14	−0.09
とんこつラーメン	Ｅ店	−1.52	−1.49	−0.09
味噌ラーメン	Ｆ店	−1.52	−1.49	−1.91
味噌ラーメン	Ｇ店	−0.89	−0.14	−1.00
味噌ラーメン	Ｈ店	1.01	0.54	0.82
平均		0.00	0.00	0.00
標準偏差		1.00	1.00	1.00

②主成分負荷量から２つの主成分を決定する

アドインタブをクリックし、主成分分析をクリックします（画面３、４）。

画面３　主成分分析の開始

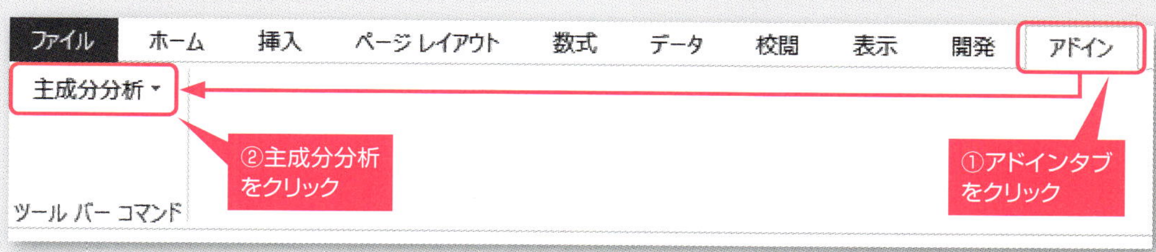

画面４　アドインソフトの利用方法　その１

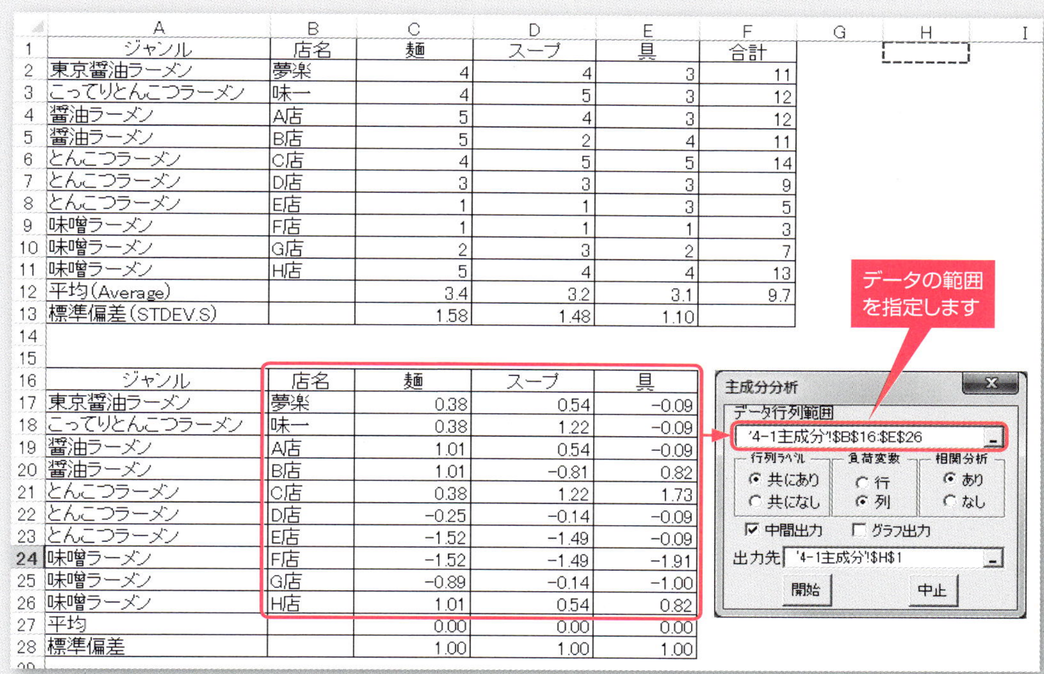

	A	B	C	D	E	F
1	ジャンル	店名	麺	スープ	具	合計
2	東京醤油ラーメン	夢楽	4	4	3	11
3	こってりとんこつラーメン	味一	4	5	3	12
4	醤油ラーメン	A店	5	4	3	12
5	醤油ラーメン	B店	5	2	4	11
6	とんこつラーメン	C店	4	5	5	14
7	とんこつラーメン	D店	3	3	3	9
8	とんこつラーメン	E店	1	1	3	5
9	味噌ラーメン	F店	1	1	1	3
10	味噌ラーメン	G店	2	3	2	7
11	味噌ラーメン	H店	5	4	4	13
12	平均(Average)		3.4	3.2	3.1	9.7
13	標準偏差(STDEV.S)		1.58	1.48	1.10	
14						
15						
16	ジャンル	店名	麺	スープ	具	
17	東京醤油ラーメン	夢楽	0.38	0.54	−0.09	
18	こってりとんこつラーメン	味一	0.38	1.22	−0.09	
19	醤油ラーメン	A店	1.01	0.54	−0.09	
20	醤油ラーメン	B店	1.01	−0.81	0.82	
21	とんこつラーメン	C店	0.38	1.22	1.73	
22	とんこつラーメン	D店	−0.25	−0.14	−0.09	
23	とんこつラーメン	E店	−1.52	−1.49	−0.09	
24	味噌ラーメン	F店	−1.52	−1.49	−1.91	
25	味噌ラーメン	G店	−0.89	−0.14	−1.00	
26	味噌ラーメン	H店	1.01	0.54	0.82	
27	平均		0.00	0.00	0.00	
28	標準偏差		1.00	1.00	1.00	

今回は表４の条件で作業を行います。結果は画面５のようになります。

表４　作業条件

データ行列の範囲	'4-1主成分'!$B$16:$E$26	
行列ラベル	“共にあり”をチェック	データのラベルが入っているため
負荷変数	“列”をチェック	今回は、麺、スープ、具が負荷変数となっていますので、列を選択
相関分析	“あり”をチェック	
中間出力	チェック	
グラフ出力	任意	
出力先	'4-1主成分'!$H$1	

画面５　結果の表示

	H	I	J	K
1	標準化	麺	スープ	具
2	夢楽	0.40089	0.57143	-0.09578
3	味一	0.40089	1.28571	-0.09578
4	A店	1.06904	0.57143	-0.09578
5	B店	1.06904	-0.85714	0.86204
6	C店	0.40089	1.28571	1.81987
7	D店	-0.26726	-0.14286	-0.09578
8	E店	-1.60357	-1.57143	-0.09578
9	F店	-1.60357	-1.57143	-2.01144
10	G店	-0.93541	-0.14286	-1.05361
11	H店	1.06904	0.57143	0.86204
12				
13	相関係数	麺	スープ	具
14	麺	1	0.6777	0.67837
15	スープ	0.6777	1	0.53365
16	具	0.67837	0.53365	1
17				
18	固有値	2.262142	0.466355	0.271504
19	寄与率	0.754047	0.155451	0.090501
20				
21	固有ﾍﾞｸﾄﾙ	第1	第2	第3
22	麺	0.60495	-0.00146	0.79626
23	スープ	0.56293	0.70803	-0.42638
24	具	0.56316	-0.70618	-0.42914
25				
26	負荷量	第1	第2	第3
27	麺	0.90987	-0.00099	0.4149
28	スープ	0.84667	0.48351	-0.22217
29	具	0.84701	-0.48225	-0.22361
30				
31	主成分得点	第1	第2	第3
32	夢楽	0.51025	0.47164	0.11667
33	味一	0.91235	0.97738	-0.18789
34	A店	0.91445	0.47067	0.6487
35	B店	0.64967	-1.2172	0.84678
36	C店	1.99116	-0.37542	-1.00997
37	D店	-0.29604	-0.03312	-0.11079
38	E店	-1.90862	-1.04264	-0.56573
39	F店	-2.98744	0.31015	0.25635
40	G店	-1.23964	0.64425	-0.23178
41	H店	1.45386	-0.20573	0.23766

この結果では、主成分は第１から第３まで３つが求められましたが、今回は２軸で表現したいので、第２主成分までを利用します。以下の寄与率の項目で説明しますが、第１主成分と第２主成分でデータの90.9%を要約していますので、十分表現できていると考えます。

さて、分析結果に出てくる用語のうち、主なものを以下に説明します。

- **相関係数**

次節で説明しますのでここでは簡単に述べます。２つの変数の間の関係の強さを－１から１までの範囲であらわした指標です。１または－１に近いほど関係が強いということを表しています。０だと全く関係ないという意味になります。

- **固有値**

主成分の軸における分散を示しています。第１主成分はこの固有値が最大になるようにとった軸になります。そのため第１主成分の固有値は他の主成分より大きくなります。

- **寄与率**

寄与率は重決定係数のことで、前章の回帰分析でも説明したとおり（P.192）、どのくらいのデータが説明できるかという説明の精度を表す指標です。今回の分析結果では第１主成分で0.754つまり75.4%くらいのデータをほぼ説明し、第２主成分で0.155つまり15.5%くらいのデータを説明しているということになります。あわせて第１主成分と第２主成分の合計で全データの90.9%を要約しているということになります。

- **負荷量（主成分負荷量）**

主成分負荷量とは、簡単に言うと、もともとの変数と主成分の間の関係を示すものです。今回の例では、麺、スープ、具をまとめた２つの主成分で各店のポジショニングマップを作ろうとしていますので、麺、スープ、具とこれら２つの主成分の関係の強さを検討します（表５）。この関係の強さについては次の節で説明する相関係数で表現しています。１または－１に近いほど関係が強いということになります。この主成分負荷量を確認することによって、主成分の意味（特徴をよくあらわす評価軸）を考えることができます。

- **主成分得点**

主成分得点とは、主成分で各データを数値化したものです。

ラーメンはもともと、麺、スープ、具の３つの数値で表示されていましたが、これを各主成分の数値で表現したものです。

表5　主成分負荷量

	第1主成分：総合的な旨さ	第2主成分：スープのインパクト
麺	0.90987	−0.00099
スープ	0.84667	0.48351
具	0.84701	−0.48225

③店舗別主成分得点

これも主成分得点として、画面5で求められていますので、そのデータを利用します（表6）。

表6　主成分得点

主成分得点	第1主成分：総合的な旨さ	第2主成分：スープのインパクト
夢楽	0.51025	0.47164
味一	0.91235	0.97738
A店	0.91445	0.47067
B店	0.64967	−1.2172
C店	1.99116	−0.37542
D店	−0.29604	−0.03312
E店	−1.90862	−1.04264
F店	−2.98744	0.31015
G店	−1.23964	0.64425
H店	1.45386	−0.20573

● ポジショニングマップを分析する

④ポジショニングマップを作成する

主成分得点をグラフ化します。[挿入]タブをクリックし、「おすすめグラフ」をクリックします（画面6）。

画面6　ポジショニングマップの作成

「すべてのグラフ」をクリックし、「散布図」をクリックします（画面７）。散布図は画面８のようになります。

画面７　散布図の選択

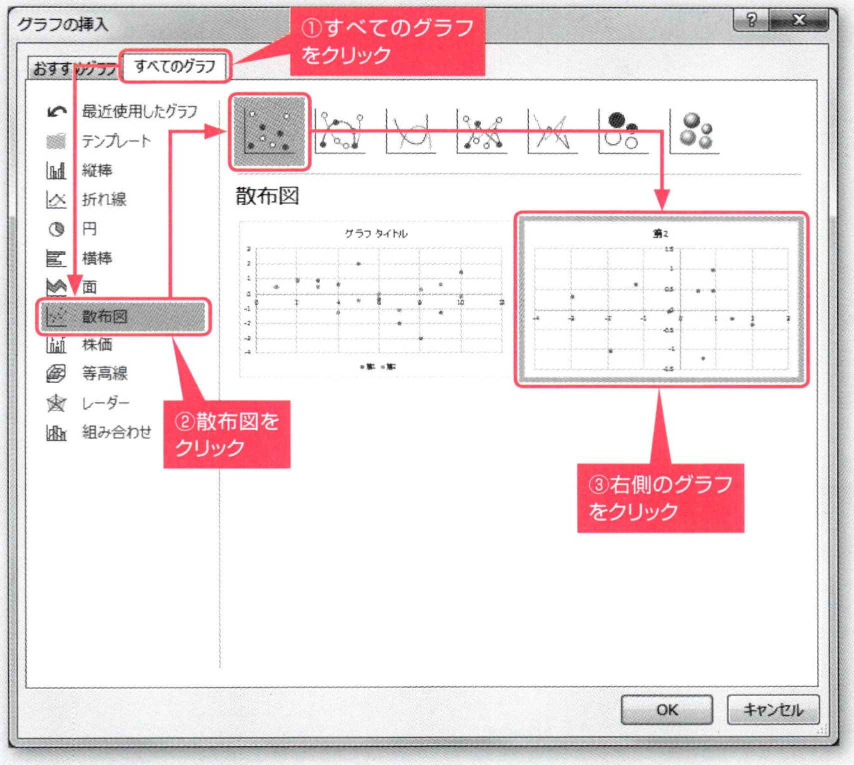

画面８　散布図の表示

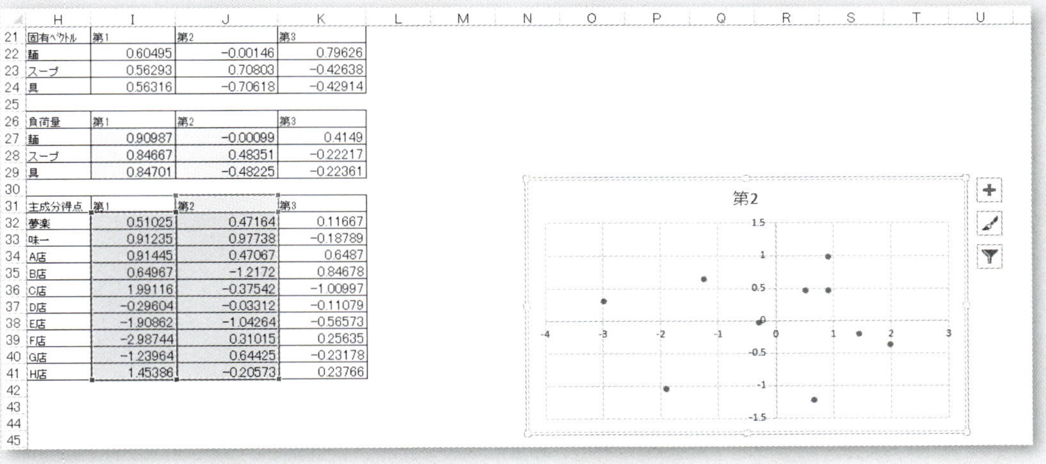

	H	I	J	K
21	固有ベクトル	第1	第2	第3
22	麺	0.60495	−0.00146	0.79626
23	スープ	0.56293	0.70803	−0.42638
24	具	0.56316	−0.70618	−0.42914
25				
26	負荷量	第1	第2	第3
27	麺	0.90987	−0.00099	0.4149
28	スープ	0.84667	0.48351	−0.22217
29	具	0.84701	−0.48225	−0.22361
30				
31	主成分得点	第1	第2	第3
32	夢楽	0.51025	0.47164	0.11667
33	味一	0.91235	0.97738	−0.18789
34	A店	0.91445	0.47067	0.6487
35	B店	0.64967	−1.2172	0.84678
36	C店	1.99116	−0.37542	−1.00997
37	D店	−0.29604	−0.03312	−0.11079
38	E店	−1.90862	−1.04264	−0.56573
39	F店	−2.98744	0.31015	0.25635
40	G店	−1.23964	0.64425	−0.23178
41	H店	1.45386	−0.20573	0.23766

そして作成した散布図を完成させます。

軸、軸ラベル、データラベル、目盛線をチェックします（画面９）。データラベルの文字の変更もします（画面10）。

画面９　ポジショニングマップの作成　その１

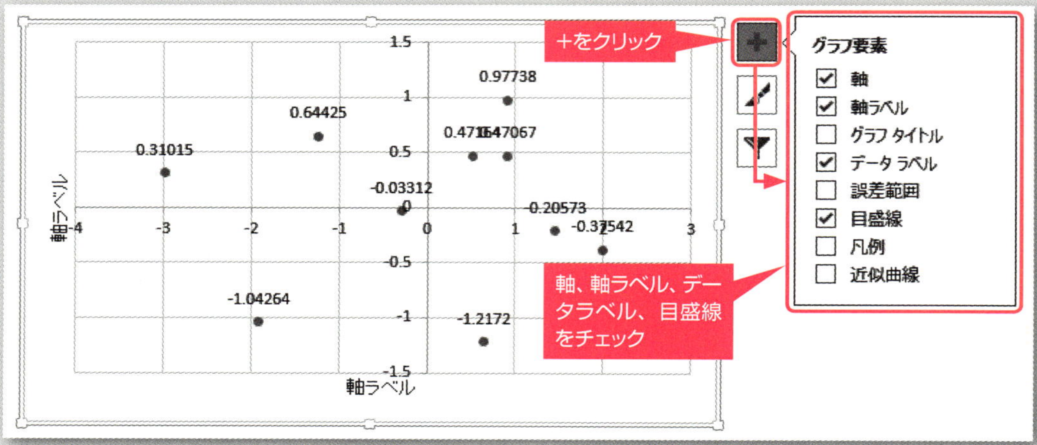

画面10　データラベルの文字の変更

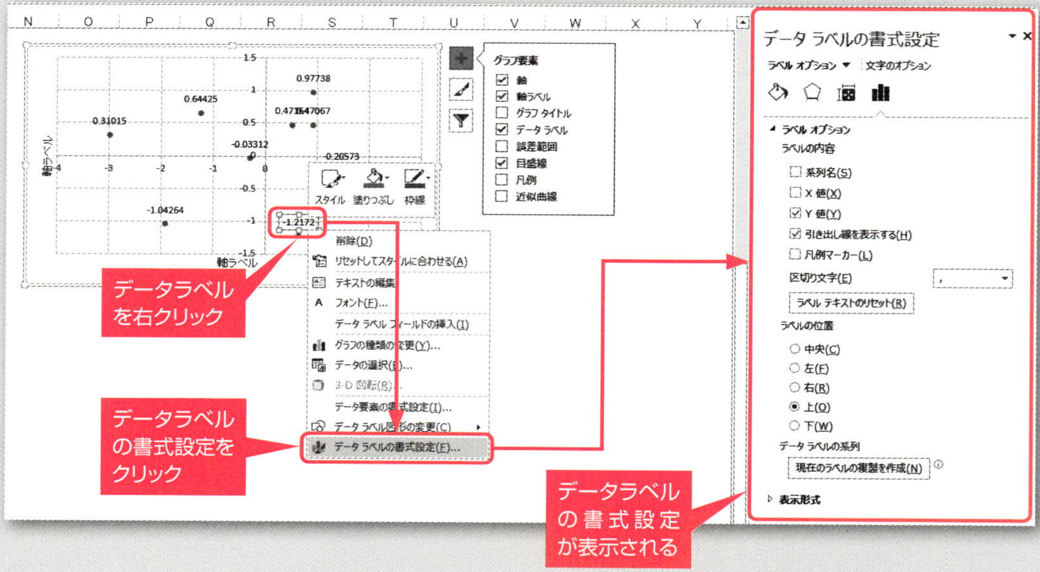

データラベルの修正（画面11）、軸ラベルの修正（画面12）を修正し、画面13のようにポジショニングマップが完成します。

画面11　データラベルの修正

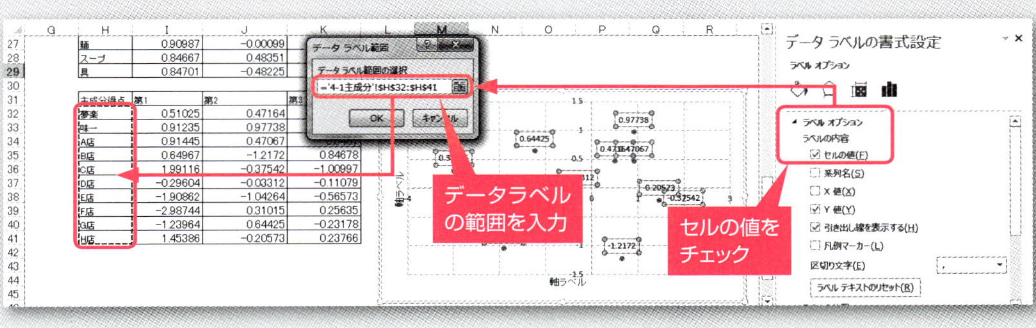

画面12　軸ラベルの修正

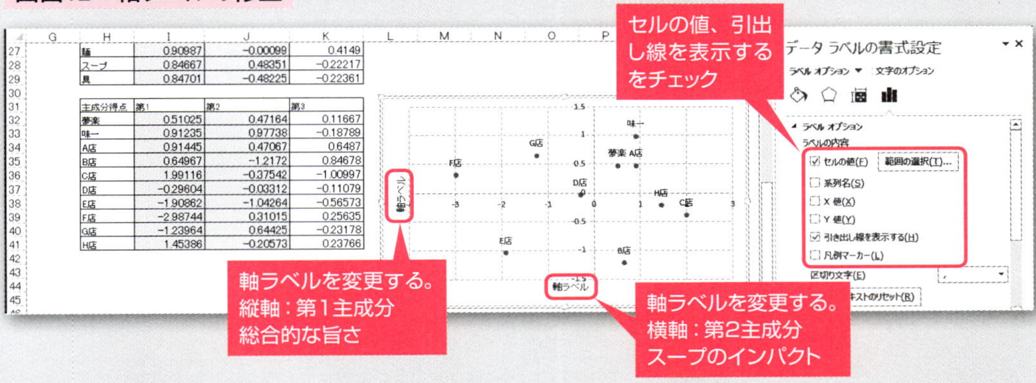

画面13　ポジショニングマップの完成プロット図

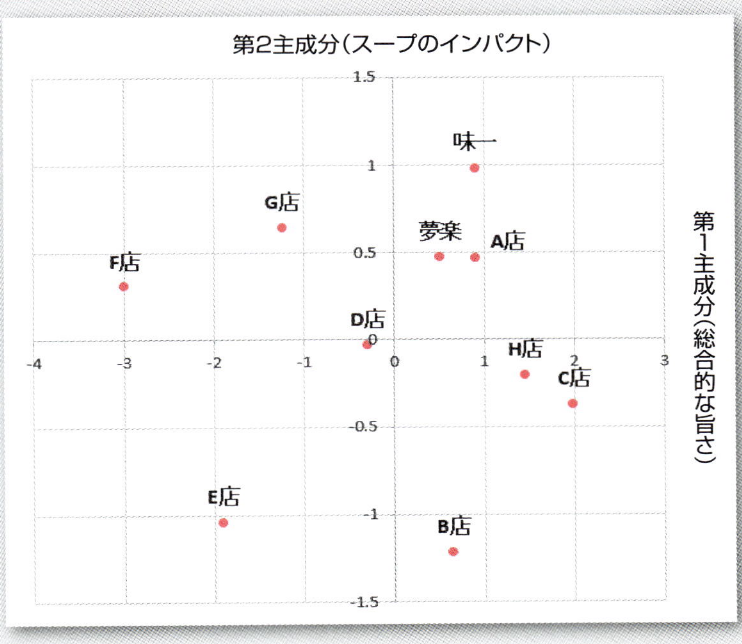

2 ラーメンの単価を高めるには?

● 相関行列の作成

ここでは関数を活用して相関行列を作成します。

関数を用いるメリットは、配列の数値が変動する場合には、すぐに計算してくれることにあります。また、Excelの分析ツールを活用してもできるのですが、その場合は、計算の都度、ツールを実行する必要があります。よって、数値を何回も変動させたり、配列の情報が追加する必要がある場合には、関数を活用したほうがよいと考えられます（表１）。

表１　CORREL関数の書式

CORREL関数	指定した二つの配列の相関係数を求めます。
書式	CORREL(配列1,配列2)
計算式	―
利用データ	ファイル名：第2部第9章.xlsx ／ シート名：4-2相関
入力例	セルC28：= CORREL($C$3:$C$22,C$3:C$22) → 1.00 セルC29：= CORREL($D$3:$D$22,C$3:C$22) → −0.40 セルD28：= CORREL($C$3:$C$22,D$3:D$22) → −0.40

トッピングの評価表から、その項目の相関関係を示す相関行列を作成します。

相関関係が強いほど、相関係数は１または－１に近くなります。例えば、半熟卵と辛ねぎの相関関係は0.70であり、強い相関があります。つまり、この２つを一緒に注文するお客さんが多いので、２つのトッピングは相性が良い関係にあると考えられます（画面１）。

画面1　トッピングの評価表と相関行列

	A	B	C	D	E	F	G	H	I	J	K	L
1			トッピング									
2		No.	半熟卵	チャーシュー	ねぎ	辛ねぎ	もやし	メンマ	にんにく	コーン	わかめ	のり
3		1	5	2	4	5	2	3	2	2	3	4
4		2	4	3	4	3	5	2	1	3	5	3
5		3	4	5	4	3	3	3	3	3	2	5
6		4	3	4	1	3	3	2	1	4	4	4
7		5	3	4	4	3	2	3	4	3	3	4
18		16	5	3	3	5	3	3	3	1	3	2
19		17	2	4	2	2	2	2	1	3	2	3
20		18	3	5	4	3	4	3	3	3	3	5
21		19	5	4	1	5	4	2	1	3	3	4
22		20	2	5	2	2	5	2	5	3	5	4
23		平均	3.40	4.00	3.15	3.40	3.60	2.75	3.05	2.70	3.35	3.80
24		標準偏差	1.20	0.95	1.06	1.11	1.11	0.83	1.50	0.64	0.96	1.03
25												
26			トッピング									
27			半熟卵	チャーシュー	ねぎ	辛ねぎ	もやし	メンマ	にんにく	コーン	わかめ	のり
28	トッピング	半熟卵	1.00	−0.40	0.11	0.70	−0.14	0.00	−0.12	−0.36	0.05	−0.18
29		チャーシュー	−0.40	1.00	−0.15	−0.33	−0.09	0.44	0.00	0.25	−0.38	0.61
30		ねぎ	0.11	−0.15	1.00	0.03	0.05	0.33	0.34	−0.38	−0.05	0.12
31		辛ねぎ	0.70	−0.33	0.03	1.00	−0.15	0.38	−0.10	−0.60	0.01	−0.28
32		もやし	−0.14	−0.09	0.05	−0.15	1.00	−0.32	0.49	0.18	0.69	−0.38
33		メンマ	0.00	0.44	0.33	0.38	−0.32	1.00	0.05	−0.52	−0.45	0.35
34		にんにく	−0.12	0.00	0.34	−0.10	0.49	0.05	1.00	−0.09	0.23	−0.25
35		コーン	−0.36	0.25	−0.38	−0.60	0.18	−0.52	−0.09	1.00	0.17	0.14
36		わかめ	0.05	−0.38	−0.05	0.01	0.69	−0.45	0.23	0.17	1.00	−0.48
37		のり	−0.18	0.61	0.12	−0.28	−0.38	0.35	−0.25	0.14	−0.48	1.00

以上が第４章第２節の相関係数の操作解説です。

なお、第４章第３節「お金のことも考える」については、統計以外の内容ですので、操作説明は割愛します。

第2部

第10章 お客さまとの関係を考える!【操作編】

ここでは、カイ二乗検定について確認します。

関数を使わずに、カイ二乗値を計算して、検定する方法とともに、Excel関数を使うことにより一発で検定する方法を説明していきます。

カイ二乗分布表やカイ二乗分布図の作り方についてもあわせて記載します。

1 カイ二乗検定

第５章では、夢楽のお客さま数をアップのさせるため、クーポンを配布しました。クーポンは、お店にとっては値引きをすることですから、配布した際にはお客さまは増えるでしょう。しかし、確実にお店の利益率は低下しますので、クーポンで来店したお客さまが、またリピート来店してくれてこそ効果があったと言えるものです。

今回は、夢楽では、トッピングを無料で付けられるクーポンを配布しました。

配布したクーポン

- 半熟卵（100円分）無料
- のり＋わかめ（100円分）無料

この場合どちらのクーポンがリピート率の向上に寄与したのかを確認するのがカイ二乗検定の役割です。カイ二乗検定とは、「観察された事象の相対的頻度がある頻度分布に従う」という帰無仮説を検定するものです。具体的には、今回のクーポンのように集めたデータに差があった場合、本当にそのデータに意味のある（有意な）差があるのかを検定できます。

第５章第１節のデータを使用します（表１）。

表１　クーポンによるリピート率

実測値	クーポン利用	その後リピート	合計	リピート率
もやし+わかめ無料クーポン	30	10	40	33.3%
半熟卵無料クーポン	60	50	110	83.3%
合計	90	60	150	66.7%

表のデータを確認すると以下のようにリピート率が測定されました。

「もやし＋わかめ無料クーポン」のリピート率は、10／30 ＝1／3 ≒ 33.3%
「半熟卵無料クーポン」のリピート率は、50／60 ＝5／6 ≒ 83.3%

となり、「半熟卵無料クーポン」のリピート率が高い結果になりました。この結果に有意な差があるのかどうかをカイ二乗検定で確認していきます。まず、Excelの関数を使わない方法で、カイ二乗検定を行い、その後、関数の使い方を説明します。

● 仮説を立てる（帰無仮説）

例によって、最初に帰無仮説を立案します。

帰無仮説

「もやし＋わかめ無料クーポン」と「半熟卵無料クーポン」のリピート率には差がない

この帰無仮説が却下されると、２つのクーポンの間には効果に差があり、リピート率の高い「半熟卵無料クーポン」の効果が高いということなります。

両方のクーポンのリピート率に差がないなら、全員でお客さまが150人でクーポン利用者が90人、その後リピートされた方が60人のため、比率は３：２になるはずです。もやし＋わかめクーポンを使った人は40人ですので、３：２すなわち、24：16となることが期待されます。これが**期待値**です。まずExcelで期待値を計算します（画面１）。

画面１　期待値の計算

MAX　=C4*$E2/$E4

	A	B	C	D	E	F
1	実測値		クーポン利用	その後リピート	合計	リピート率
2	もやし＋わかめ無料クーポン		30	10	40	33.3%
3	半熟卵無料クーポン		60	50	110	83.3%
4	合計		90	60	150	66.7%
5						
6			クーポン利用	その後リピート	合計	
7	もやし＋わかめ	実測値	30	10	40	
8	無料クーポン	期待値	=C4*$E2/$E4	16		
9	半熟卵	実測値	60	50	110	
10	無料クーポン	期待値	66	44		
11			90	60	150	

利用データ	ファイル名：第2部第10章.xlsx ／ シート名：カイ二乗検定
入力例	もやし+わかめ無料クーポン • クーポン利用の期待値（C8）＝C4*$E2/$E4 • その後リピートの期待値（D8）＝D4*$E2/$E4 半熟卵無料クーポン • クーポン利用の期待値（C10）＝C4*$E3/$E4 • その後リピートの期待値（D10）＝D4*$E3/$E4

● カイ二乗検定の実施

実測値と期待値を用いて、カイ二乗値を計算します。計算式は以下のように与えられます。

カイ二乗値＝（((実測値 − 期待値) の２乗) ÷期待値) の総和

$$= \frac{(30-24)^2}{24} + \frac{(10-16)^2}{16} + \frac{(60-66)^2}{66} + \frac{(50-44)^2}{44} \fallingdotseq 5.11$$

利用データ	ファイル名：第2部第10章.xlsx ／ シート名：カイ二乗検定
入力例	カイ二乗値 =((C7-C8)^2)/C8+(D7-D8)^2/D8+(C9-C10)^2/C10+(D9-D10)^2/D10

● カイ二乗分布表の作成

次に、カイ二乗分布表を確認します。カイ二乗分布表は一般に与えられていますが、ここではExcel関数を使って作成してみます（画面2、表2、3）。

表２　CHIINV関数の書式

CHIINV	カイ二乗分布表を作成します CHIINV(確率p，自由度f)
利用データ	ファイル名：第2部第10章.xlsx ／ シート名：カイ二乗分布表
入力例	C3：=CHIINV(C$2,$B3)≒3.841

画面２　カイ二乗分布表の作成

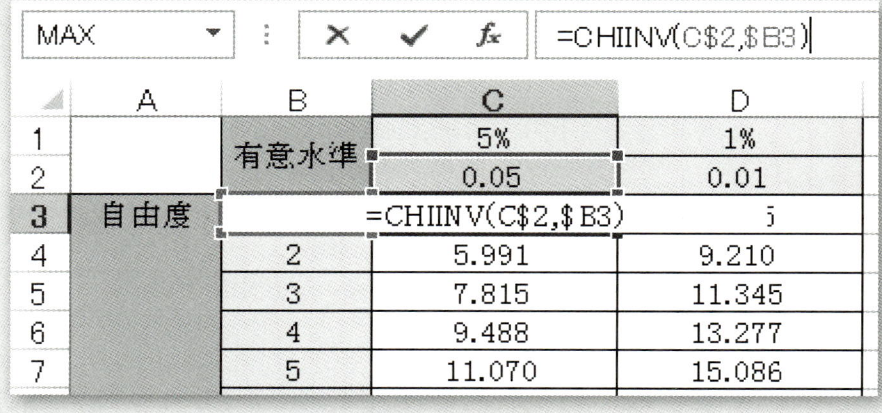

表３　カイ二乗分布表

	有意水準	5%	1%
		0.05	0.01
自由度	1	3.841	6.635
	2	5.991	9.210
	3	7.815	11.345
	4	9.488	13.277
	5	11.070	15.086
	6	12.592	16.812
	7	14.067	18.475
	8	15.507	20.090
	9	16.919	21.666
	10	18.307	23.209
	11	19.675	24.725
	12	21.026	26.217
	13	22.362	27.688
	14	23.685	29.141
	15	24.996	30.578
	16	26.296	32.000
	17	27.587	33.409
	18	28.869	34.805
	19	30.144	36.191
	20	31.410	37.566
	21	32.671	38.932
	22	33.924	40.289
	23	35.172	41.638
	24	36.415	42.980
	25	37.652	44.314
	26	38.885	45.642
	27	40.113	46.963
	28	41.337	48.278
	29	42.557	49.588
	30	43.773	50.892

カイ二乗分布表の自由度とは、変数のうち自由に選べるものの数を言います。すなわち、全変数の数から、それら相互間に成り立つ関係式の数を引いたものです。２つの標本を選ぶときには、自由が許されるのは最初の１つで、２つめは自由が許されないです。そのため、変数（n）が２のときには、自由度は２ － １ ＝ １になります.

文字にするとややこしいですが、今回の場合は以下のように計算します。

「もやし＋わかめ無料クーポンと半熟卵無料クーポン」の２種類から１を引いて、１

「クーポン利用とその後リピート」の２種類から１を引いて、１

これらをかけ算して、１ × １ ＝１となり、自由度は１になります。自由度が決定したので、自由度が１で有意水準５％の値を、カイ二乗分布表で確認してみます（画面３）。

画面３　カイ二乗値の確認の仕方

	A	B	C	D
1		有意水準	5%	1%
2			0.05	0.01
3	自由度	1	3.841	6.635
4		2	5.991	9.21
5		3	7.815	11.345
6		4	9.488	13.277

カイ二乗分布表の5%有意水準の値（3.84）＜カイ二乗値（5.11）となりました。その結果、この仮説（差がない）が起きる可能性は、５%未満となります。つまり、95%以上の確率で、このクーポンのリピート率には差があることがわかりました（画面４）。

画面４　カイ二乗分布図

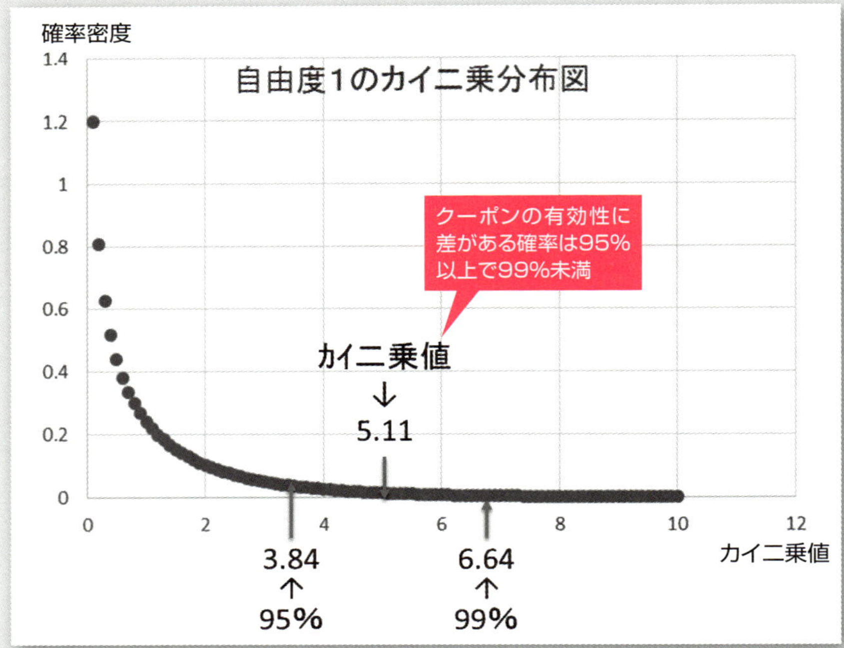

● Excel関数を利用したカイ二乗検定

ここまでは、計算式をExcelに入力していましたが、関数を使ってカイ二乗検定を実施することができます。具体的には、CHISQ.TEST関数を使って、この仮説がどれくらいの確率で出現するものかを調べることができます（画面５、表４）。

画面５　CHISQ.TEST関数

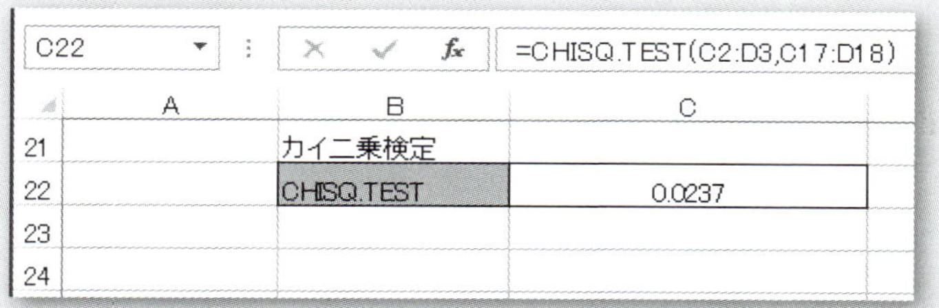

表４　CHISQ.TEST関数の書式

CHISQ.TEST	カイ二乗検定を実施します
利用データ	ファイル名：第2部第10章.xlsx ／ シート名：カイ二乗検定
入力例	C22：= CHISQ.TEST(C2:D3,C17:D18)≒0.0237

観測値と期待値をこの関数に入力すると、0.0237（約2.4%）となります。

「もやし＋わかめクーポンと半熟卵クーポンのリピート率に差がない確率は約2.4%」となり、５％を切っていますから、仮説は棄却され、２つのクーポンによるリピート率には差があるということになります。以下に、カイ二乗検定の進め方を改めて記載します（図１）。

図１　カイ二乗検定の進め方

【検定で確かめたいこと】
もやし+わかめ無料クーポンと半熟卵無料クーポンのリピート率に有意差があるか確認したい。

↓

【帰無仮説】
２つのクーポンのリピート率に差がない。

↓

【カイ検定の結果】
カイ二乗値（CHISQ.TEST）が５%未満である。
つまり、帰無仮説は却下される。

↓

【結論】
もやし+わかめ無料クーポンと半熟卵無料クーポンのリピート率に差があり、半熟卵無料クーポンの方が有効である。

● カイ二乗分布図の作成方法

カイ二乗検定の途中で、カイ二乗分布図を掲載しましたが、最後にカイ二乗分布図をExcelで作成する方法を記載します（画面6）。なお、自由度mのカイ二乗分布曲線は以下の式で表されます。

$$f(m, x) = \frac{1}{2^{\frac{m}{2}}\Gamma(\frac{m}{2})} x^{\frac{m}{2}-1} e^{-\frac{x}{2}}$$

カイ二乗分布図	カイ二乗分布図を作成します。
利用データ	ファイル名：第2部第10章.xlsx ／ シート名：カイ二乗分布図
入力例	B1：=1/(2^($E$1/2)*EXP(GAMMALN($E$1/2))) *A1^(($E$1/2)-1)*EXP(-A1/2)
関数　EXP	eを底とする数値のべき乗を返します。 定数eは自然対数の底で、2.71828182845904となります。
関数　GAMMALN	ガンマ関数 G(x) の値の自然対数を返します。

画面6　カイ二乗分布図の作成

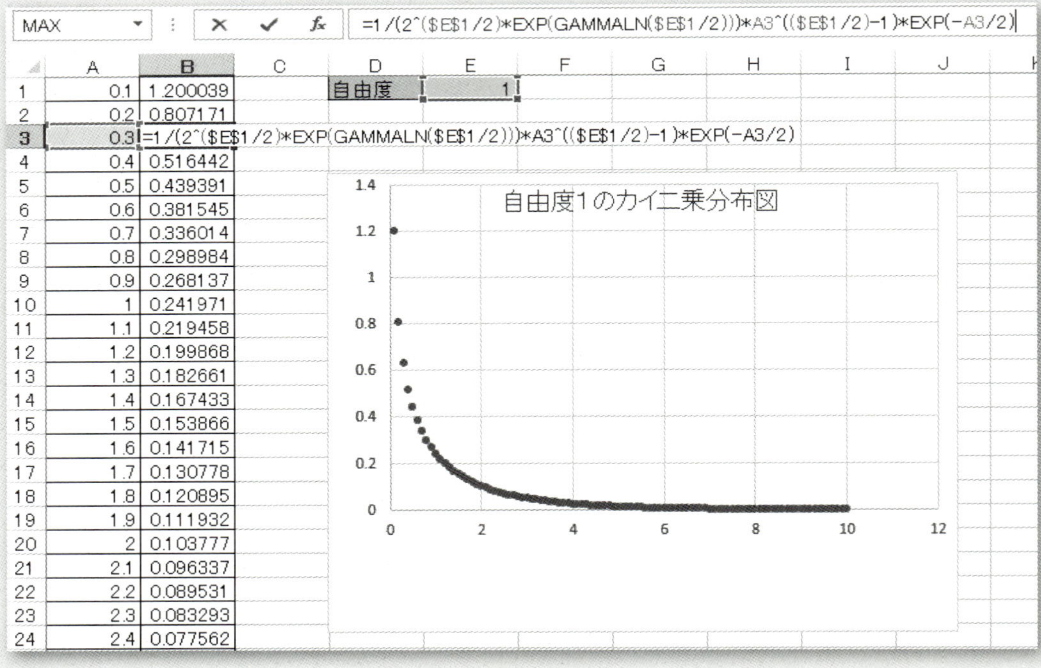

	A	B
1	0.1	1.200039
2	0.2	0.807171
3	0.3	=1/(2^($E$1/2)*EXP(GAMMALN($E$1/2)))*A3^(($E$1/2)-1)*EXP(-A3/2)
4	0.4	0.516442
5	0.5	0.439391
6	0.6	0.381545
7	0.7	0.336014
8	0.8	0.298984
9	0.9	0.268137
10	1	0.241971
11	1.1	0.219458
12	1.2	0.199868
13	1.3	0.182661
14	1.4	0.167433
15	1.5	0.153866
16	1.6	0.141715
17	1.7	0.130778
18	1.8	0.120895
19	1.9	0.111932
20	2	0.103777
21	2.1	0.096337
22	2.2	0.089531
23	2.3	0.083293
24	2.4	0.077562

資料編

1 本書で登場する関数のまとめ

表2　AVERAGE関数の書式（P145）

AVERAGE関数	平均値を求めます
書式	AVERAGE(データの範囲)
計算式	データの合計÷データの個数
利用データ	ファイル名：第2部第6章.xlsx ／ シート名：平均値
入力例	セルB52：=AVERAGE(B2:B51) → 149.98 セルC52：=AVERAGE(C2:C51) → 149.89

表2　CHIINV関数の書式（P226）

CHIINV	カイ二乗分布表を作成します CHIINV(確率p，自由度f)
利用データ	ファイル名：第2部第10章.xlsx ／ シート名：カイ二乗分布表
入力例	C3：=CHIINV(C$2,$B3)≒3.841

表4　CHISQ.TEST関数の書式（P229）

CHISQ.TEST	カイ二乗検定を実施します
利用データ	ファイル名：第2部第10章.xlsx ／ シート名：カイ二乗検定
入力例	C22：= CHISQ.TEST(C2:D3,C17:D18)≒0.0237

表 2　CONFIDENCE.NORM 関数の書式（P158）

CONFIDENCE.NORM 関数	正規分布を使用して、母集団に対する信頼区間を返します。信頼区間は、平均値の範囲を表します。標本平均 x はこの範囲の中央で、範囲は x ± CONFIDENCE.NORM になります
書式	CONFIDENCE.NORM(α,標準偏差,標本数) α：有意水準を指定します。信頼度は、100*(1−α)% に等しくなります。つまり、0.05 のαは、95% 、0.01なら99%の信頼度を示します。
計算式	$1.96 * \frac{\sigma}{\sqrt{n}}$（信頼区間 95%の場合） σ：標準偏差　n：データの個数 αが 0.05(95%信頼区間)の場合、標準正規分布曲線より下の領域で、全体の (1−α)、つまり 95% の範囲が1.96となります。
利用データ	ファイル名：第2部第6章.xlsx ／ シート名：信頼区間
入力例	セルB55：= CONFIDENCE.NORM(0.05,B54,50) → 0.79 セルC55：= CONFIDENCE.NORM(0.05,C54,50) → 0.39

表 1　CORREL 関数の書式（P220）

CORREL 関数	指定した二つの配列の相関係数を求めます。
書式	CORREL(配列1,配列2)
計算式	—
利用データ	ファイル名：第2部第9章.xlsx ／ シート名：4-2相関
入力例	セルC28：= CORREL($C$3:$C$22,C$3:C$22) → 1.00 セルC29：= CORREL($D$3:$D$22,C$3:C$22) → −0.40 セルD28：= CORREL($C$3:$C$22,D$3:D$22) → −0.40

表 3　MEDIAN 関数の書式（P146）

MEDIAN 関数	中央値(メジアン)を求めます
書式	MEDIAN(データの範囲)
計算式	—
利用データ	ファイル名：第2部第6章.xlsx ／ シート名：その他代表値
入力例	セルB13：=MEDIAN(B2:B11) → 5.5 セルC13：=MEDIAN(C2:C11) → 5.5

表4　MODE関数の書式（P146）

MODE関数	データの中の最頻値を求めます
書式	MODE(データの範囲)
計算式	—
利用データ	ファイル名：第2部第6章.xlsx ／ シート名：その他代表値
入力例	セルB14：=MODE(B2:B11) → 10.0 セルC14：=MODE(C2:C11) → 4.0

表1　NORM.DIST関数の書式（P159）

NORM.DIST関数	指定した平均値と標準偏差に対する正規分布関数の値を返します。
書式	NORM.DIST(x, 平均値, 標準偏差, 関数形式) x：関数に代入する値を指定します。 平均値：分布の平均を指定します。 標準偏差：分布の標準偏差を指定します。 関数形式：計算に使用する関数の種類を、論理値で指定します。関数形式にTRUEを指定すると累積分布関数の値が計算され、FALSEを指定すると確率密度関数の値が計算されます。
計算式	—
利用データ	ファイル名：第2部第6章.xlsx ／ シート名：正規分布
入力例	セルB1：= NORM.DIST(A1,0,1,FALSE) → 0.004431848

表4　NORMINV関数の書式（P162）

NORMINV関数	指定した平均値と標準偏差に対する正規累積分布関数の逆関数の値を返します。
書式	NORMINV(確率, 平均値, 標準偏差) 確率：正規分布における確率を指定します。 平均値：対象となる分布の算術平均を指定します。 標準偏差：対象となる分布の標準偏差を指定します。
計算式	—
利用データ	ファイル名：第2部第6章.xlsx ／ シート名：累積確率
入力例	セルC38：= NORMINV(A38,92.77,22.19) → 74.09442482 セルC39：= NORMINV(A39,92.77,22.19) → 87.14822778 セルC40：= NORMINV(A40,92.77,22.19) → 98.39177222 セルC41：= NORMINV(A41,92.77,22.19) → 111.4455752

表1　STANDARDIZE関数の書式（P211）

STANDARDIZE関数	データを標準化します
書式	STANDARDIZE(データ, 平均, 標準偏差)
計算式	—
利用データ	ファイル名：第2部第9章.xlsx ／ シート名：4-1主成分
入力例	セルC17：= STANDARDIZE(C2,C$12,C$13) → 0.38 セルC18：= STANDARDIZE(C3,C$12,C$13) → 0.38 セルD17：= STANDARDIZE(D2,D$12,D$13) → 0.54

表3　STDEV.P関数の書式（P154）

STDEV.P関数	標準偏差を求めます。なお、引数を母集団全体であると見なして、母集団の標準偏差を返します。
書式	STDEV.P(データの範囲)
計算式	$\sqrt{\frac{\Sigma(x-\bar{x})^2}{n}}$ n：データの個数　$\bar{x}$：データの平均値
利用データ	ファイル名：第2部第6章.xlsx ／ シート名：標準偏差・分散
入力例	セルB54：= STDEV.P(B2:B51) → 2.83 セルC54：= STDEV.P(C2:C51) → 1.41

表3　STDEV.S関数の書式（P156）

STDEV.S関数	標準偏差を求めます。なお、引数を標本と見なし、標本に基づいて母集団の標準偏差の推定値を返します
書式	STDEV.S(データの範囲)
計算式	$\sqrt{\frac{\Sigma(x-\bar{x})^2}{n-1}}$ n：データの個数　$\bar{x}$：データの平均値
利用データ	ファイル名：第2部第6章.xlsx ／ シート名：不偏分散
入力例	セルB54：= STDEV.S(B2:B51) → 2.86 セルC54：= STDEV.S(C2:C51) → 1.42

表2　VAR.P関数の書式（P154）

VAR.P関数	分散を求めます。なお、引数を母集団全体と見なし、母集団の分散（標本分散）を返します
書式	VAR.P(データの範囲)
計算式	$\frac{\sum(x-\bar{x})^2}{n}$ n：データの個数　$\bar{x}$：データの平均値
利用データ	ファイル名：第2部第6章.xlsx ／ シート名：標準偏差・分散
入力例	セルB53：=VAR.P(B2:B51) → 7.99 セルC53：= VAR.P(C2:C51) → 1.99

表2　VAR.S関数の書式（P156）

VAR.S関数	分散を求めます。なお、引数を母集団の標本であると見なし、不偏分散を返します
書式	VAR.S(データの範囲)
計算式	$\frac{\sum(x-\bar{x})^2}{n-1}$ n：データの個数　$\bar{x}$：データの平均値
利用データ	ファイル名：第2部第6章.xlsx ／ シート名：不偏分散
入力例	セルB53：=VAR.S(B2:B51) → 8.16 セルC53：= VAR.S(C2:C51) → 2.03

2 本書で使用したアドインプログラムについて

本書（第９章第１節）では、「池田データメーション研究所」のアドインプログラム（有償）を使用しています。価格等はホームページを参照してください。本書制作時、5,292円（税込）となっています。

池田データメーション研究所
URL：http://www.datamation.jp/

本書で使用したアドインソフト「502　主成分分析プログラム」となります。下記URLでアドインソフトが紹介されていますので、ご確認ください。

URL：http://www.datamation.jp/da5/dms502.html

注意

執筆時点で、Excel 2010のみ動作に問題があると作成元から情報を得ています。Excel 2013では動作に問題はありません。ご購入の際には、ご使用のExcelのバージョンをご確認ください。

「池田データメーション研究所」では、本書で使用したアドインプログラム（有償）以外に、多くのアドインプログラムが紹介されています。有償のプログラム以外にも、「デモンストレーション用のExcelマクロファイル」や、「無料配布リクエスト・フォーム」からのリクエストなどもできるようになっています。

池田データメーション研究所

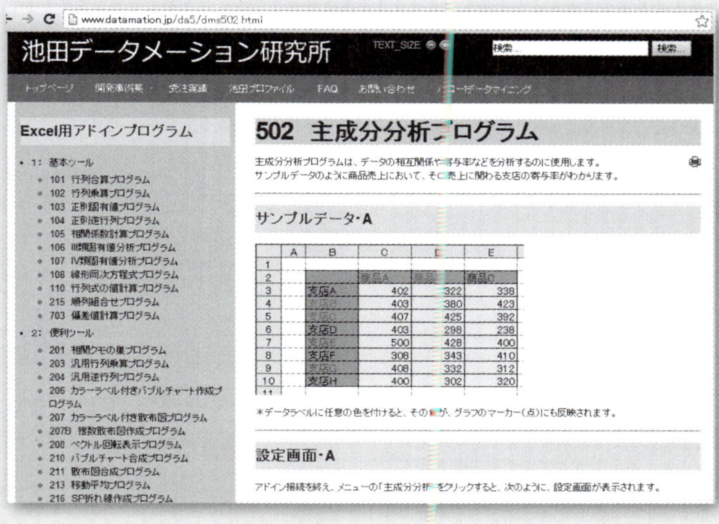

Index

五十音

【へ】

【ほ】

【ま】

【め】

【も】

【ゆ】

【ら】

【り】

【る】

●参考文献

【経営学分野】

「コトラーの戦略的マーケティング―いかに市場を創造し、攻略し、支配するか」ダイヤモンド社　フィリップ コトラー(著), Philip Kotler(原著), 木村 達也(翻訳)

「三国志で学ぶランチェスターの法則」ダイヤモンド社　吉田 克己(著), 江口 陽子(著)

「小が大を超えるマーケティングの法則」日本経済新聞出版社　岩崎 邦彦(著)

「経済は感情で動く―― はじめての行動経済学 」紀伊國屋書店　マッテオ モッテルリーニ(著), 泉 典子(翻訳)

【統計分野】

「統計学がわかる」技術評論社　向後 千春(著), 冨永 敦子(著)

「統計学がわかる【回帰分析・因子分析編】」技術評論社　向後 千春(著), 冨永 敦子(著)

「文系でもわかる ビジネス統計入門 」東洋経済新報社　内田 学(著, 編集), 兼子 良久(著), 斉藤 嘉一(著)

「統計数字を疑う～なぜ実感とズレるのか？」光文社　門倉 貴史(著)

「入門統計学　－検定から多変量解析・実験計画法まで－」オーム社　栗原伸一(著)

「すぐに使える統計学」ソフトバンククリエイティブ株式会社　菅民郎(著), 土方裕子(著)

「EXCELビジネス統計分析[ビジテク]第2版」翔泳社　末吉正成(著), 末吉美喜(著)

●著者紹介

村上　知也
（むらかみ　ともや）

1973年大阪生まれ　大阪大学大学院生物工学修士
中小企業診断士　ネットワークスペシャリスト

13年間、大手システムインテグレータに勤務し、ITコンサルタントとして活躍。2008年に中小企業診断士を取得し、現在は、ITや統計学などの各種研修・セミナーの実施や、企業への経営支援活動を行っている。
多くの中小企業の支援に従事し、ITや統計学、経営学の知識をわかりやすく企業に伝え、多くの企業の業績改善に寄与している。

●著書
「売り上げを上げるに最強のツールはやっぱり統計学だった！」(Kindle)
「社長あずさ29歳ストーリーから学ぶ会社経営の基礎知識」(日本法令)
「中小企業のための超実践！消費税増税対策」(税務経理協会)他多数

矢本　成恒
（やもと　しげつね）

1963年神奈川県生まれ　東京大学大学院博士（工学）、筑波大学大学院修士（経営学）、東京大学教養学部卒業
名古屋商科大学大学院教授、（社）日本開発工学会（技術経営の学会）理事、（社）俯瞰工学研究所主任研究員、中小企業診断士

NTT経営企画部門担当部長、コンサルティング会社役員を経て、現在は、国際認証を持つ社会人MBA大学院の教授および経営コンサルタント。イノベーション・マネジメントや技術経営戦略に関連した講義・企業研修、製造業・放送業・IT業等の経営支援、中小企業の経営革新支援などを実施中。

●著書
「ITによる『経営革新』の実践」(三恵社)
「売り上げを上げるに最強のツールはやっぱり統計学だった！」(Kindle)など

●イラスト

mammoth.

ビジネスで本当《ほんとう》に使《つか》える
超《ちょう》 統計学《とうけいがく》

発行日　2014年　8月25日　　第1版第1刷

著　者　村上《むらかみ》　知也《ともや》／矢本《やもと》　成恒《しげつね》

発行者　斉藤　和邦

発行所　株式会社　秀和システム
〒107-0062　東京都港区南青山1-26-1 寿光ビル5F
Tel 03-3470-4947(販売)
Fax 03-3405-7538

印刷所　株式会社シナノ　　Printed in Japan

ISBN978-4-7980-4153-7 C3041

定価はカバーに表示してあります。
乱丁本・落丁本はお取りかえいたします。
本書に関するご質問については、ご質問の内容と住所、氏名、電話番号を明記のうえ、当社編集部宛FAXまたは書面にてお送りください。お電話によるご質問は受け付けておりませんのであらかじめご了承ください。